Sitzungsberichte der Heidelberger Akademie der Wissenschaften
Mathematisch-naturwissenschaftliche Klasse
Jahrgang 1985, 4. Abhandlung

Frank Räbiger

Beiträge zur Strukturtheorie der Grothendieck-Räume

Vorgelegt in der Sitzung vom 6. Juli 1985
von Helmut H. Schaefer

Springer-Verlag
Berlin Heidelberg New York Tokyo

Dipl.-Math. Frank Räbiger
Mathematisches Institut der Universität Tübingen
Auf der Morgenstelle 10, 7400 Tübingen

ISBN-13: 978-3-540-16173-8 e-ISBN-13: 978-3-642-45612-1
DOI: 10.1007/978-3-642-45612-1

Inhaltsverzeichnis

Einleitung

Ein Banachraum E heißt *Grothendieck-Raum*, falls in E' jede $\sigma(E',E)$-konvergente Folge $\sigma(E',E'')$-konvergent ist. Man sagt dann auch, E besitzt die *Grothendieck-Eigenschaft*.

Die Klasse der Grothendieck-Räume enthält offensichtlich alle reflexiven Banachräume. Die ersten nicht trivialen Beispiele für Grothendieck-Räume stammen von A. GROTHENDIECK selbst. In seiner 1953 erschienenen Arbeit „Sur les applications linéaires faiblement compactes d'espaces du type $C(K)$" ([27]) zeigt er, daß für jeden Stoneschen Raum K der Banachraum $C(K)$ der stetigen, reellwertigen Funktionen auf K die Grothendieck-Eigenschaft besitzt. Der Beweis des Grothendieckschen Resultats stützt sich im wesentlichen auf

(1) die ebenfalls von GROTHENDIECK stammende Charakterisierung relativ schwach kompakter Mengen von Radonmaßen auf lokalkompakten Räumen ([27, Théorème 2] und [56, II.9.8]),

(2) das Lemma von PHILLIPS ([56, II.10.3]) und

(3) Elemente der Ordnungstheorie.

So impliziert die Vorgabe eines Stoneschen Raumes K die Ordnungsvollständigkeit des Vektorverbandes $C(K)$ ([56, II.7.7]). Des weiteren stellt der Stonesche Darstellungssatz eine Verbindung her zwischen Stoneschen Räumen und vollständigen Booleschen Algebren ([56, II. Exerc.1]). (1) und (2) nützen diese Sachverhalte dann entscheidend aus. Im Beweis von Satz 1.4 der vorliegenden Arbeit sind die eben angedeuteten Zusammenhänge im Detail ausgeführt.

Zahlreiche Verallgemeinerungen von Grothendiecks Resultat wurden inzwischen bewiesen. Die Beweise werden dabei meist von den oben angeführten Punkten (1), (2) (Erweiterungen von (2)) und (3) getragen. Von ihren Aussagen her lassen sich diese Verallgemeinerungen im wesentlichen in drei Gruppen unterteilen.

So beschäftigte sich eine Vielzahl von Autoren mit Bedingungen an die Ordnung einer Booleschen Algebra $\mathscr{B}$, welche die Vitali-Hahn-Saks-Eigenschaft oder die Grothendieck-Eigenschaft für $\mathscr{B}$ nach sich ziehen. Diese Eigenschaften sind ihrerseits wieder hinreichend für die Grothendieck-Eigenschaft des Raumes $C(K_{\mathscr{B}})$ (dabei bezeichnet $K_{\mathscr{B}}$ den Stoneschen Darstellungsraum der Booleschen Algebra $\mathscr{B}$). Die wichtigsten Arbeiten hierzu stammen von T. ANDÔ ([2]), B. FAI-

RES ([18]), W. SCHACHERMAYER ([53]) und G. L. SEEVER ([57]) (siehe auch [11], [23], [24], [26], [28] und [44]).

Ein anderer Ansatz geht aus von einem Raum $C(K)$, K kompakt, und einer Bedingung an dessen Ordnung. Diese Gegebenheiten werden dann ausgenützt, um die Grothendieck-Eigenschaft für den Raum $C(K)$ herzuleiten. Hier sind in erster Linie die Arbeiten von F. K. DASHIELL ([11]), G. L. SEEVER ([57]) und H. H. SCHAEFER ([55]) zu erwähnen. Gerade in der letztgenannten Arbeit ist das Zusammenwirken der drei Komponenten „Charakterisierung relativ schwach kompakter Mengen von Radonmaßen", „Lemma von Phillips" und „Ordnungstheorie" besonders deutlich zu erkennen.

Grothendieck-Sätze für Vektorverbände, welche nicht notwendig vom Typ $C(K)$, K kompakt, sind, wurden erstmals von H. H. SCHAEFER bewiesen ([55]). Ausgehend von einem Vektorverband E und einer Bedingung an dessen Ordnung konnte er für bestimmte schwache Topologien auf dem Ordnungsdual von E das Zusammenfallen der Konvergenz von Folgen nachweisen. Ein weiteres Resultat dieser Art findet man in der Arbeit [15] von P. G. DODDS.

Wir beschäftigen uns in Teilen der vorliegenden Arbeit (§ 8, § 10) überwiegend mit Sätzen des zuletzt genannten Typs. Genauer stellen wir Bedingungen an die Ordnung eines Banachverbandes E, welche das Zusammenfallen der $\sigma(E', E)$- und der $\sigma(E', I_E)$-Konvergenz von Folgen (§ 8) bzw. die Grothendieck-Eigenschaft für E (§ 10) nach sich ziehen (dabei bezeichnet I_E das von E in E'' erzeugte Ideal). Durch Spezialisieren der erzielten Resultate erhalten wir jedoch auch Aussagen zur Grothendieck-Eigenschaft Boolescher Algebren oder von Räumen $C(K)$, K kompakt, und gelangen so zu Verallgemeinerungen bereits bekannter Ergebnisse.

Des weiteren führen uns diese Überlegungen auch zu Aussagen über die Grothendieck-Eigenschaft von $\mathscr{F}$-Produkten und l_∞-direkten Summen von Banachverbänden und Banachräumen. Dieser Gegenstand wird ausführlich in § 11 diskutiert.

Kommen wir zurück auf GROTHENDIECKs Arbeit [27]. GROTHENDIECK zeigt dort unter anderem, daß ein Banachraum E genau dann die Grothendieck-Eigenschaft besitzt, wenn jeder Operator von E mit Werten in c_0 schwach kompakt ist ([27, Lemme 8]). Quotienten von Grothendieck-Räumen können daher niemals isomorph sein zum Folgenraum c_0. Insbesondere enthält ein Grothendieck-Raum keinen komplementierbaren, zu c_0 isomorphen Teilraum. Auf die Problematik der Umkehrung dieser und ähnlicher Aussagen gehen wir in der vorliegenden Arbeit ausführlich ein (§ 2, § 3, § 7). Dabei stoßen wir auch auf die von A. PEŁCZYŃSKI in [47] eingeführte Eigenschaft (V) (§ 3).

In erster Linie stellen wir unsere Betrachtungen an für Banachverbände oder für Banachräume, welche in einer engeren Beziehung zu Banachverbänden stehen. Das zentrale Hilfsmittel in den Beweisen ist eine Charakterisierung der relativ schwach kompakten Mengen im Dual eines Banachverbandes E für bestimmte schwache Topologien auf E' (Theorem 5.1). Die Ursprünge dieses Resultats liegen in Grothendiecks Charakterisierung relativ schwach kompakter Mengen von Radonmaßen.

Für große Klassen von Banachräumen können wir die Grothendieck-Eigenschaft beschreiben durch die Nicht-Existenz von zu c_0 isomorphen Quotienten (§ 2) bzw. durch die Eigenschaft (V) und die Nicht-Existenz von komplementierbaren, zu c_0 isomorphen Teilräumen (§ 3).

Diese Ergebnisse werden für Banachverbände weiter verfeinert (§ 7). Zu diesem Zweck führen wir in § 6 sogenannte (V_0)-Ideale und die Eigenschaft (V_0) ein. Letztere ist ein verbandstheoretisches Analogon der Eigenschaft (V). Wir gelangen so zu zahlreichen Verallgemeinerungen einer von C. P. NICULESCU stammenden Charakterisierung von Banachverbänden mit der Grothendieck-Eigenschaft ([45, Thm. 2.7]). Unter anderem erhalten wir eine rein strukturtheoretische Beschreibung der Grothendieck-Eigenschaft und ähnlicher Eigenschaften für Banachverbände. Die Überlegungen in den Paragraphen 6 und 7 führen außerdem zu Verallgemeinerungen und Erweiterungen bestehender Resultate von T. FIGIEL, N. GHOUSSOUB, W. B. JOHNSON ([21, Thm. 2.1, Cor. 2.6]) und B. KÜHN ([33, Prop. 1]).

Schließlich möchten wir noch auf eine Verallgemeinerung einer von J. DIESTEL und C. J. SEIFERT ([12, Cor. 12]) bewiesenen Charakterisierung von Grothendieck-Räumen vom Typ $C(K)$, K kompakt, hinweisen (§ 4). Das zentrale Hilfsmittel im Beweis ist hierbei das Theorem von LOTZ-ROSENTHAL ([39, Thm. 1]). Es gestattet, das Resultat von DIESTEL und SEIFERT auf eine Klasse von Banachräumen auszudehnen, welche alle komplementierten Teilräume von Banachverbänden und alle Quotienten von Lindenstrauss-Räumen enthält.

Herrn Prof. Dr. H. H. SCHAEFER möchte ich für sein Interesse an der vorliegenden Arbeit recht herzlich danken.

§ 0. Bezeichnungen und Hilfsmittel

Sofern nicht anders vereinbart, folgen wir in der Bezeichnungsweise und Terminologie den Büchern [54] und [56] von H. H. SCHAEFER. Auf einige Sachverhalte möchten wir im folgenden gesondert hinweisen:

Wir betrachten ausschließlich Vektorräume über dem Skalarkörper $\mathbb{R}$ der reellen Zahlen.

Sei $\langle E, F \rangle$ ein Dualsystem und $\langle .,. \rangle$ bezeichne die kanonische Bilinearform auf $E \times F$. Die von den Halbnormen $x \to |\langle x, x' \rangle|$, $x \in E$, $x' \in F$, erzeugte lokalkonvexe Topologie auf E heißt die *schwache Topologie* und wird mit $\sigma(E, F)$ bezeichnet. Ist $A \subseteq E$ eine absolutkonvexe Menge, so nennt man die Abbildung $g_A: E \to \mathbb{R} \cup \{\infty\}$, definiert durch $g_A(x) := \inf\{\lambda > 0: x \in \lambda A\}$, $x \in E$, das *Eichfunktional* von A. Für eine nicht leere Menge $A \subseteq E$ definieren wir $p_A: F \to \mathbb{R} \cup \{\infty\}$ durch $p_A(x') := \sup_{x \in A} |\langle x, x' \rangle|$, $x' \in F$. Ist $A \subseteq E$, so heißt die Menge $A^0 := \{x' \in F: |\langle x, x' \rangle| \leq 1 \text{ für alle } x \in A\}$ die *Polare* von A in F.

Seien $(E, \mathcal{T}_1)$ und $(F, \mathcal{T}_2)$ lokalkonvexe Räume. Unter einem *Operator* von E nach F verstehen wir stets eine stetige, lineare Abbildung von $(E, \mathcal{T}_1)$ in $(F, \mathcal{T}_2)$. Die Menge der Operatoren von E nach F bezeichnen wir mit $L(E, F)$. Die Menge $L(E, \mathbb{R})$ aller $\mathcal{T}_1$-stetigen Linearformen auf E wird der *Dualraum* von E genannt und mit E' bezeichnet. Die Dualräume höherer Ordnung sind wie in [54] definiert und werden mit E'', E''' usw. bezeichnet. Ein Operator $T \in L(E, F)$ heißt *Isomorphismus*, falls T injektiv und die Umkehrabbildung $T^{-1}: TE \to E$ stetig ist. E und F heißen *isomorph* (i.Z. $E \cong F$), falls ein Isomorphismus T von E auf F existiert. Ist $T \in L(E, F)$ und G ein Teilraum von E, so bezeichnet $T_{|G}$ die *Einschränkung* von T auf G. Ein Operator $P \in L(E, E)$ heißt *Projektion*, falls $P \circ P = P$ ist. Wir sagen, ein Teilraum G von E ist *komplementierbar* oder *projizierbar*, falls eine Projektion P auf E existiert mit $PE = G$. Ist $T \in L(E, F)$, so bezeichnet $T' \in L(F', E')$ die *Adjungierte* von T. Für die Adjungierten höherer Ordnung schreiben wir T'', T''' usw. Unter der *schwachen Topologie* auf E verstehen wir die zu dem kanonischen Dualsystem $\langle E, E' \rangle$ gehörige schwache Topologie $\sigma(E, E')$.

Seien E und F normierte Räume mit Normen $\| \cdot \|_E$ und $\| \cdot \|_F$. Als *Einheitskugel* von E bezeichnen wir die Menge $\{x \in E: \| x \|_E \le 1\}$. Unter einer (*topologisch*) *direkten Summe* $E \oplus F$ von E und F verstehen wir das Produkt $E \times F$ von E und F, versehen mit einer Norm $\| \cdot \|$, für welche gilt: Es existieren Konstanten $s_1, s_2 > 0$, so daß für alle $x \in E$ und alle $y \in F$ die Beziehung $s_1(\| x \|_E + \| y \|_F) \le \| (x, y) \| \le s_2(\| x \|_E + \| y \|_F)$ erfüllt ist.

Es seien I eine nicht leere Indexmenge, $(E_i)_{i \in I}$ eine Familie normierter Räume und $1 \le p < \infty$. Unter der l_p-*direkten Summe* $l_p^I(E_i)$ der Familie $(E_i)_{i \in I}$ verstehen wir den Vektorraum aller Familien $(x_i)_{i \in I}$ mit $x_i \in E_i$ für jedes $i \in I$ und $\sum_i \| x_i \|^p < \infty$, versehen mit der Norm $\| (x_i)_{i \in I} \| := (\sum_i \| x_i \|^p)^{1/p}$. Die l_∞-*direkte Summe* $l_\infty^I(E_i)$ der Familie $(E_i)_{i \in I}$ ist der Vektorraum, bestehend aus allen beschränkten Familien $(x_i)_{i \in I}$ mit $x_i \in E_i$ für jedes $i \in I$, versehen mit der Norm $\| (x_i)_{i \in I} \| := \sup_i \| x_i \|$. Den Teilraum $c_0^I(E_i) := \{(x_i)_{i \in I} \in l_\infty^I(E_i): \lim_i \| x_i \| = 0\}$, versehen mit der von $l_\infty^I(E_i)$ induzierten Norm, bezeichnen wir als die c_0-*direkte Summe* der Familie $(E_i)_{i \in I}$. $\phi^I(E_i) := \{(x_i)_{i \in I}: x_i \in E_i$ für jedes $i \in I$ und $x_i \ne 0$ für höchstens endlich viele $i \in I\}$ heißt der Vektorraum der *finiten Familien* von Elementen aus E_i, $i \in I$. Ist $I = \mathbb{N}$ (I eine endliche Menge mit m Elementen), so schreiben wir anstelle von $l_p^I(E_i)$ auch $l_p(E_n)$ ($l_p^m(E_i)$). Ist $E_i = E$ ($E_i = \mathbb{R}$) für alle $i \in I$, so schreiben wir statt $l_p^I(E_i)$ kurz $l_p^I(E)$ (l_p^I). Die Bezeichnungen $l_p(E)$, $l_p^m(E)$, l_p und l_p^m erklären sich dann von selbst. Analog sind die Bezeichnungen $l_\infty(E_n)$, $c_0(E_n)$, $l_\infty^m(E_i)$, $l_\infty^I(E)$, $c_0^I(E)$ usw. zu deuten.

Seien E und F Banachräume. Im folgenden verwenden wir häufig, daß ein Operator $T \in L(E, F)$ genau dann surjektiv (ein Isomorphismus) ist, wenn seine Adjungierte $T' \in L(F', E')$ ein Isomorphismus (surjektiv) ist ([64, 11-3-4]). Ein Operator $T \in L(E, F)$ heißt *schwach kompakt*, wenn T beschränkte Teilmengen von E auf relativ $\sigma(F, F')$-kompakte Mengen abbildet. Dies ist genau dann der Fall, wenn $T' \in L(F', E')$ schwach kompakt ist bzw. wenn die Beziehung

$T''E'' \subseteq F$ erfüllt ist ([56, II.9.4]). Ebenfalls sehr häufig werden wir den *Satz von Eberlein* verwenden ([17, V.6.1], [54, IV.11.1, Cor. 2]). Dieser besagt, daß eine Menge $A \subseteq E$ genau dann relativ $\sigma(E, E')$-kompakt ist, wenn jede Folge von Elementen aus A eine (in E) konvergente Teilfolge besitzt.

Sei E ein Archimedischer Vektorverband. Es bezeichne $E_+ := \{x \in E: x \geq 0\}$ den *positiven Kegel* von E. Für $x \in E$ setzen wir $x_+ := \sup(x, 0)$, $x_- := \sup(-x, 0)$ und $|x| := x_+ + x_-$. Eine Familie $(x_i)_{i \in I}$ in E heißt *orthogonal*, falls $\inf(|x_i|, |x_j|) = 0$ ist für alle $i, j \in I$ mit $i \neq j$. Das *orthogonale Komplement* $A^\perp$ einer Menge $A \subseteq E$ ist definiert durch $A^\perp := \{x \in E: \inf(|x|, |y|) = 0$ für alle $y \in A\}$. Eine Menge $A \subseteq E$ heißt *solid*, falls aus $x \in A$, $y \in E$ und $|y| \leq |x|$ stets $y \in A$ folgt. Die kleinste solide Menge, welche eine vorgegebene Menge $A \subseteq E$ enthält, heißt *solide Hülle* von A und wird mit $so\,A$ bezeichnet. Ein *Ideal* (in E) ist ein solider Untervektorverband in E. Ist I ein Ideal in E mit der Eigenschaft, daß für jede Menge (jede abzählbare Menge) $A \subseteq I$, für welche $\sup_{x \in A} x$ in E existiert, stets $\sup_{x \in A} x \in I$ ist, so nennt man I ein *Band* (σ-*Ideal*) in E. Gilt für ein Ideal I in E die Beziehung $E = I + I^\perp$, so sagt man, I ist ein *Projektionsband* in E. Die zugehörige Projektion P von E auf I mit $\ker P = I^\perp$ nennt man die *Bandprojektion* von E auf I. Für diese gilt stets $0 \leq P \leq Id$ ([56, II.2.9]). Ist F ein Untervektorverband von E und existiert zu jedem $0 < x \in E_+$ ein Element $0 < y \in F_+$ mit $y \leq x$, so sagen wir, F ist *ordnungsdicht* in E. Ein Element e in E_+ mit der Eigenschaft, daß das von e in E erzeugte Ideal $I_e = \bigcup_n n[-e, e]$ gleich E ist, nennen wir *Ordnungseinheit* oder kurz *Einheit* von E. Enthält jede Menge $A \subseteq E$, für welche $\sup_{x \in A} x$ in E existiert, eine abzählbare Menge B mit $\sup_{x \in B} x = \sup_{x \in A} x$, so heißt E *ordnungsseparabel*. Wir nennen E *ordnungsvollständig* (σ-*ordnungsvollständig*), falls jede nicht leere, durch ein $x \in E$ majorisierte Menge (abzählbare Menge) $A \subseteq E$ ein Supremum in E besitzt. Ein Netz (eine Folge) $(x_\alpha)_{\alpha \in \mathscr{A}}$ in E heißt *ordnungskonvergent* gegen $x \in E$, falls ein monoton fallendes Netz (eine monoton fallende Folge) $(z_\alpha)_{\alpha \in \mathscr{A}}$ in E_+ existiert, so daß $\inf_\alpha z_\alpha = 0$ gilt und $|x - x_\alpha| \leq z_\alpha$ ist für jedes $\alpha \in \mathscr{A}$. Eine ordnungsbeschränkte Linearform x' auf E, das heißt x' bildet die Ordnungsintervalle von E auf beschränkte Mengen in $\mathbb{R}$ ab, heißt *ordnungsstetig* (σ-*ordnungsstetig*), falls x' jedes gegen Null ordnungskonvergente Netz (jede gegen Null ordnungskonvergente Folge) in ein Nullnetz (eine Nullfolge) abbildet. E^n bzw. E^s bezeichne die Menge der ordnungsstetigen bzw. der σ-ordnungsstetigen Linearformen auf E.

Sei E ein normierter Vektorverband mit Norm $\|\cdot\|$. Gilt für $x, y \in E_+$ stets die Beziehung $\|\sup(x, y)\| = \sup(\|x\|, \|y\|)$ ($\|x + y\| = \|x\| + \|y\|$), so sagen wir, E ist ein *M-normierter* (*L-normierter*) Raum. Ein *M-normierter* (*L-normierter*) Banachverband wird *AM-Raum* (*AL-Raum*) genannt. Enthält die Einheitskugel eines *M*-normierten Raumes E ein größtes Element e, so nennen wir e die *Einheit* von E. Ein Element $q \in E_+$ heißt *quasi-innerer Punkt* von E_+, falls das von q in E erzeugte Ideal $I_q = \bigcup_n n[-q, q]$ dicht ist in E. Konvergiert jedes gegen Null ordnungskonvergente Netz in E in der Norm gegen Null, so sagen wir, E besitzt *ordnungsstetige Norm*.

Im folgenden verwenden wir häufig, ohne dies explizit zu erwähnen, daß eine positive, lineare Abbildung T von einem Banachverband E in einen normierten Vektorverband F stets stetig ist ([56, II.5.3]). Insbesondere ergibt sich daraus, daß zwei Banachverbände E und F, welche isomorph sind als Vektorverbände, das heißt es existiert ein Verbandsisomorphismus von E auf F, auch als Banachräume isomorph sind.

§ 1. Die Grothendieck-Eigenschaft

1.1

Sei E ein Banachraum. Wir sagen, E ist ein *Grothendieck-Raum* oder E besitzt die *Grothendieck-Eigenschaft*, wenn in E' jede $\sigma(E',E)$-konvergente Folge schon $\sigma(E',E'')$-konvergent ist.

Dies ist genau dann der Fall, wenn eine der nachstehenden Aussagen gilt:
  (i) Jede $\sigma(E',E)$-Nullfolge ist eine $\sigma(E',E'')$-Nullfolge.
 (ii) Jede $\sigma(E',E)$-Nullfolge besitzt eine $\sigma(E',E'')$-konvergente Teilfolge.

1.2

Die in 1.1 definierte Eigenschaft wurde erstmals von A. GROTHENDIECK genauer untersucht ([27]). Unter anderem konnte GROTHENDIECK zeigen, daß jeder Raum $C(K)$, K Stonesch, die Grothendieck-Eigenschaft besitzt. Dies ist gleichbedeutend damit, daß jeder ordnungsvollständige AM-Raum mit Einheit ein Grothendieck-Raum ist (siehe [56, II.7.4 und II.7.7]). Ein wichtiges Hilfsmittel in Grothendiecks Beweis ist das sogenannte Lemma von Phillips. Wir bezeichnen mit $ba(\mathbb{N})$ den Banachraum der reellwertigen, beschränkten, endlich additiven Mengenfunktionen auf der Potenzmenge von $\mathbb{N}$ ([17, S. 160 ff.]).

Lemma von Phillips. Sei $(\lambda_n)_{n\in\mathbb{N}}$ eine Folge in $ba(\mathbb{N})$ und es gelte $\lim_n \lambda_n(B) = 0$ für jede Menge $B \subseteq \mathbb{N}$. Dann ist $\lim_n \sum_m |\lambda_n(\{m\})| = 0$.

1.3

Das zweite wichtige Hilfsmittel in Grothendiecks Beweis ist die von ihm selbst stammende Charakterisierung relativ schwach kompakter Mengen von Radonmaßen auf lokalkompakten Räumen (siehe [27, Théorème 2] oder [56, II.9.8]). Unter Verwendung des Darstellungssatzes von KAKUTANI ([56, II.7.4]) schreibt sich dieses Resultat wie folgt (beachte: Für einen Banachraum E, eine Menge $A \subseteq E'$ und $x\in E$ ist $p_A(x) := \sup_{x'\in A} |\langle x',x\rangle|$):

Satz. Sei E ein AM-Raum mit Einheit. Für eine beschränkte Teilmenge A von E' sind die folgenden Aussagen äquivalent:

(i) A ist relativ $\sigma(E', E'')$-kompakt.

(ii) Für jede normbeschränkte, orthogonale Folge $(x_n)_{n \in \mathbb{N}}$ in E_+ gilt $\lim_n p_A(x_n) = 0$.

1.4

Aus dem Lemma von Phillips und Satz 1.3 erhalten wir nun sogar eine Verallgemeinerung des angesprochenen Resultats von Grothendieck.

Satz. Sei E ein σ-ordnungsvollständiger AM-Raum mit Einheit. Dann besitzt E die Grothendieck-Eigenschaft.

Beweis. Angenommen, dies ist nicht der Fall. Aufgrund des Satzes von Eberlein, 1.1 und Satz 1.3 existieren dann $\varepsilon > 0$, eine $\sigma(E', E)$-Nullfolge $(x_n')_{n \in \mathbb{N}}$ in E' und eine normbeschränkte, orthogonale Folge $(x_n)_{n \in \mathbb{N}}$ in E_+ mit $|\langle x_n', x_n \rangle| > \varepsilon$ für jedes $n \in \mathbb{N}$. Wir definieren nun $\lambda_n \in ba(\mathbb{N})$ durch $\lambda_n(B) := \langle x_n', \sup_{m \in B} x_m \rangle$, $B \subseteq \mathbb{N}$. Für jede Menge $B \subseteq \mathbb{N}$ gilt $\lim_n \lambda_n(B) = 0$. Mit dem Lemma von Phillips folgt dann

$$0 = \lim_n \sum_m |\lambda_n(\{m\})| = \lim_n \sum_m |\langle x_n', x_m \rangle|.$$

Daraus ergibt sich $\lim_n |\langle x_n', x_n \rangle| = 0$, also ein Widerspruch. $\square$

Insbesondere besitzen also l_∞ und, allgemeiner, $L_\infty(X, \Sigma, \mu)$, wo (X, Σ, μ) ein beliebiger Maßraum ist, die Grothendieck-Eigenschaft.

Der Ansatz im ersten Teil des Beweises von Satz 1.4 und ähnliche Ansätze werden uns im folgenden bei der Untersuchung der Grothendieck-Eigenschaft noch mehrfach begegnen. Ursächlich hierfür sind Charakterisierungen relativ schwach kompakter Mengen im Dual eines Banachraumes nach dem Muster von Satz 1.3 (siehe 3.4, 3.5, 5.1, 6.1 und S. 46 in § 9).

1.5

Wir möchten nun einige elementare Eigenschaften von Grothendieck-Räumen vorstellen. Da der Dual eines Banachraumes E stets $\sigma(E', E)$-folgenvollständig ist ([54, III.4.6]), gilt:

Der Dual eines Grothendieck-Raumes E ist $\sigma(E', E'')$-folgenvollständig.

1.6

Seien E und F Banachräume und F sei stetiges, lineares Bild von E unter einem Operator T. Genau dann ist eine Folge $(y_n')_{n \in \mathbb{N}}$ in F' eine $\sigma(F', F)$- bzw. eine $\sigma(F', F'')$-Nullfolge, wenn $(T' y_n')_{n \in \mathbb{N}}$ eine $\sigma(E', E)$- bzw. eine $\sigma(E', E'')$-Nullfolge ist (beachte: Mit T ist auch T'' surjektiv ([64, 11-3-4])). Damit folgt:

Ist ein Banachraum F stetiges, lineares Bild eines Grothendieck-Raumes E, so besitzt auch F die Grothendieck-Eigenschaft. Insbesondere ist jeder komplementierte Teilraum eines Grothendieck-Raumes wieder ein Grothendieck-Raum.

1.7

Auf S. 10 haben wir die Räume $l_p^I(E_i)$ bzw. $l_p^m(E_i)$, $1 \le p \le \infty$, eingeführt, wo $(E_i)_{i \in I}$ eine Familie von Banachräumen ist. Eine einfache Rechnung zeigt nun:

Ist $(E_i)_{i \in I}$ eine Familie von Grothendieck-Räumen, so besitzt auch $l_p^I(E_i)$ die Grothendieck-Eigenschaft für $1 < p < \infty$. Für endliches I sind auch $l_1^I(E_i) = l_1^m(E_i)$ und $l_\infty^I(E_i) = l_\infty^m(E_i)$ Grothendieck-Räume (dabei ist m die Anzahl der Elemente von I).

In § 11 werden wir uns ausführlich mit der Grothendieck-Eigenschaft für Räume vom Typ $l_\infty^I(E_i)$ auseinandersetzen, wo I eine unendliche Indexmenge ist.

1.8

In [27, Lemme 8] zeigt GROTHENDIECK, daß für einen Banachraum E die Grothendieck-Eigenschaft äquivalent ist zu jeder der nachstehenden Aussagen:
  (i) Jeder Operator $T \in L(E, c_0)$ ist schwach kompakt.
  (ii) Für jeden separablen Banachraum F ist jeder Operator $T \in L(E, F)$ schwach kompakt.

1.9

Dieses Resultat wurde mehrfach verallgemeinert und zwar in der folgenden Weise:

Es wurden Klassen $\mathcal{K}$ von Banachräumen bestimmt, so daß ein Banachraum E genau dann die Grothendieck-Eigenschaft besitzt, wenn für jedes F aus $\mathcal{K}$ jeder Operator $T \in L(E, F)$ schwach kompakt ist.

Beispiele für solche Klassen $\mathcal{K}$ von Banachräumen sind:

$\mathcal{K}_1$ = Klasse der separablen Banachräume (1.8).

$\mathcal{K}_2$ = Klasse der Banachräume F mit $\sigma(F', F)$-folgenkompakter dualer Einheitskugel ([34, Thm. 1]).

$\mathcal{K}_3$ = Klasse der Banachräume F, so daß jede $\sigma(F', F)$-folgenstetige Linearform auf F schon $\sigma(F', F)$-stetig ist ([19, Thm. 3.1]).

$\mathcal{K}_4$ = Klasse der schwach kompakt erzeugten Banachräume ([19, Thm. 3.1]).

$\mathcal{K}_5$ = Klasse der Banachräume F mit der Eigenschaft, daß jeder separable Teilraum Y von F in einem separablen komplementierten Teilraum von F enthalten ist ([19, Thm. 3.1]).

$\mathcal{K}_6$ = Klasse der Banachräume F, welche l_1 nicht als abgeschlossenen Teilraum enthalten ([12, Cor. 9]).

1.10

Als einfache Folgerung von 1.9 ergibt sich:

Sei E ein Banachraum. Liegt E in einer der Klassen $\mathcal{K}_i$, $1 \le i \le 6$, und besitzt E die Grothendieck-Eigenschaft, so ist die Einheitskugel von E $\sigma(E, E')$-kompakt, das heißt E ist reflexiv ([54, IV.5.6]).

1.11

Schließlich sei noch eine von J. DIESTEL und C. J. SEIFERT ([12, Cor. 9]) stammende Charakterisierung der Grothendieck-Eigenschaft erwähnt:

Satz. Für einen Banachraum E sind die folgenden Aussagen äquivalent:
 (i) E ist ein Grothendieck-Raum.
(ii) Ist T ein nicht schwach kompakter Operator von E in einen Banachraum X, so existiert ein zu l_1 isomorpher Teilraum G in E derart, daß $T_{|G}$ ein Isomorphismus von G in X ist.

Als unmittelbare Folgerung aus diesem Satz ergibt sich, daß jeder nicht reflexive Grothendieck-Raum einen zu l_1 isomorphen Teilraum enthält.

§ 2. Eine Charakterisierung der Grothendieck-Eigenschaft durch die Nicht-Existenz von zu c_0 isomorphen Quotienten

Ein Banachraum E besitzt genau dann die Grothendieck-Eigenschaft, wenn jeder Operator von E mit Werten in c_0 schwach kompakt ist (1.8). Dies läßt sich damit begründen, daß die $\sigma(E', E)$-Nullfolgen in E' vermöge der Auswertungsabbildung mit den Operatoren von E in c_0 identifiziert werden können und die $\sigma(E', E'')$-Nullfolgen mit den schwach kompakten Operatoren von E in c_0.

Ist nun $(x'_n)_{n \in \mathbb{N}}$ eine $\sigma(E', E)$-Nullfolge im Dual eines Banachraumes E, die gleichzeitig äquivalent ist zur kanonischen l_1-Basis (siehe Appendix B.), so ist der über die Auswertungsabbildung definierte Operator $x \to (\langle x'_n, x \rangle)_{n \in \mathbb{N}}$ von E in c_0 sogar surjektiv, das heißt c_0 ist isomorph zu einem Quotienten von E.

2.1 Lemma. Für einen Banachraum E sind die folgenden Aussagen äquivalent:
 (i) E besitzt einen zu c_0 isomorphen Quotienten.
(ii) E' enthält eine $\sigma(E', E)$-Nullfolge äquivalent zur kanonischen l_1-Basis.

Beweis. (i) $\Rightarrow$ (ii): Ist $T \in L(E, c_0)$ surjektiv, so ist T' ein Isomorphismus von l_1 in E' ([64, 11-3-4]). Die Folge $(T' e_n)_{n \in \mathbb{N}} \subset E'$, mit $e_n := (\delta_{nm})_{m \in \mathbb{N}} \in l_1$, hat dann die gewünschten Eigenschaften.

(ii) $\Rightarrow$ (i): Sei $(x'_n)_{n \in \mathbb{N}}$ eine $\sigma(E', E)$-Nullfolge in E', äquivalent zur kanonischen l_1-Basis. Ist $T: E \to c_0$ definiert durch $x \to (\langle x'_n, x \rangle)_{n \in \mathbb{N}}$, so ist T' ein Isomorphismus von l_1 in E'. Mit [64, 11-3-4] ergibt sich die Surjektivität von T und somit die Behauptung. $\square$

Mit Hilfe des Lemmas erhalten wir nun leicht die nachstehende Charakterisierung von Grothendieck-Räumen:

2.2 Theorem. Für einen Banachraum E sind die folgenden Aussagen äquivalent:
(i) E ist ein Grothendieck-Raum.
(ii) E' ist schwach folgenvollständig und kein Quotient von E ist isomorph zu c_0.

Beweis. Aus 1.5 und 1.8 folgt sofort (i) $\Rightarrow$ (ii).

(ii) $\Rightarrow$ (i): Angenommen, E ist kein Grothendieck-Raum. Dann existiert eine $\sigma(E',E)$-Nullfolge $(x_n')_{n\in\mathbb{N}} \subset E'$, die keine $\sigma(E',E'')$-Nullfolge als Teilfolge enthält (1.1). Wegen unserer Voraussetzung ist daher keine Teilfolge von $(x_n')_{n\in\mathbb{N}}$ eine schwache Cauchy-Folge. Nach dem Resultat von H. P. ROSENTHAL (B.1) besitzt dann $(x_n')_{n\in\mathbb{N}}$ eine Teilfolge $(x_{n_k}')_{k\in\mathbb{N}}$, äquivalent zur kanonischen l_1-Basis. c_0 ist daher nach Lemma 2.1 isomorph zu einem Quotienten von E. Dies steht im Widerspruch zur Voraussetzung. $\square$

Bemerkungen. 1. Bezeichnet $\mathscr{K}$ eine der Klassen von Banachräumen aus 1.9, so folgt wegen 1.10, daß die Aussagen (i) und (ii) von Theorem 2.2 äquivalent sind zur Aussage:

(iii) E' ist schwach folgenvollständig und jeder zu einem Banachraum der Klasse $\mathscr{K}$ isomorphe Quotient von E ist reflexiv.

2. Daß in den Aussagen (ii) und (iii) nicht auf die schwache Folgenvollständigkeit von E' verzichtet werden kann, sieht man am Beispiel des James-Raumes J ([37, Example 1.d.2]). Dieser ist nicht reflexiv und J, J' und J'' sind separabel. Das ist nur möglich, wenn J keinen zu c_0 isomorphen Quotienten besitzt. Andererseits kann J als nicht reflexiver, separabler Banachraum kein Grothendieck-Raum sein (1.10).

3. Weiter kann Aussage (ii) von Theorem 2.2 nicht so abgeschwächt werden, daß man lediglich die schwache Folgenvollständigkeit von E' und die Nicht-Existenz eines komplementierten, zu c_0 isomorphen Teilraumes von E fordert. Dies zeigt ein Beispiel von J. BOURGAIN und F. DELBAEN ([5, S. 25]), die einen nicht reflexiven, separablen Banachraum E konstruiert haben, so daß sowohl E als auch E' schwach folgenvollständig ist. Dieser Banachraum kann, da er separabel und nicht reflexiv ist, kein Grothendieck-Raum sein (1.10).

Am Beispiel des James-Raumes J haben wir gesehen, daß die Nicht-Existenz von zu c_0 isomorphen Quotienten im allgemeinen nicht die schwache Folgenvollständigkeit des Dualraums nach sich zieht. Dies ändert sich jedoch, wenn wir einen Banachraum betrachten, dessen Dual isomorph ist zu einem komplementierten Teilraum eines Banachverbandes. Den Schlüssel hierzu liefert das nachstehende Lemma (vgl. [30, Thm. 1]).

2.3 Lemma. Sei E ein Banachverband. Y bezeichne einen komplementierten Teilraum von E. Dann sind die folgenden Aussagen äquivalent:
 (i) Y ist schwach folgenvollständig.
(ii) Kein Teilraum von Y ist isomorph zu c_0.

Es ist anzumerken, daß die Aussage in [30, Thm. 1] etwas schwächer ist als die Implikation (ii) $\Rightarrow$ (i) des Lemmas. Die Autoren von [30] beweisen jedoch mehr, nämlich gerade die Implikation (ii) $\Rightarrow$ (i).

Aus Lemma 2.3, Theorem 2.2 und Bemerkung 1 ergibt sich dann der nachfolgende Satz.

2.4 Satz. Sei E ein Banachraum. Der Dual E' sei isomorph zu einem komplementierten Teilraum eines Banachverbandes. Dann sind die folgenden Aussagen äquivalent:
 (i) E ist ein Grothendieck-Raum.
 (ii) Kein Quotient von E ist isomorph zu c_0.
(iii) Jeder separable Quotient von E ist reflexiv.

Beweis. Die Implikationen (i) $\Rightarrow$ (iii) $\Rightarrow$ (ii) gelten offensichtlich (siehe 1.6 und 1.10).

(ii) $\Rightarrow$ (i): c_0 ist isomorph zu einem Quotienten von l_1 ([3, S. 114, Thm. 1]). Also kann E keinen komplementierten, zu l_1 isomorphen Teilraum enthalten. Dies ist nur möglich, wenn E' keinen zu c_0 isomorphen Teilraum besitzt ([37, 2.e.8]). Mit Lemma 2.3 folgt, daß E' schwach folgenvollständig ist. Aus Theorem 2.2 ergibt sich dann die Behauptung. $\square$

Bemerkungen. 4. Die nachstehenden Klassen von Banachräumen erfüllen die Voraussetzungen von Satz 2.4:
- $\mathscr{L}^\infty$-Räume ([5, Prop. 1.23]); insbesondere also alle Lindenstrauss-Räume, d. h. Banachräume, deren Dual isometrisch isomorph ist zu einem AL-Raum.
- Banachräume mit l.u.st. ([20, Cor. 2.2]).
- Banachräume E, deren n-ter Dual $E^{(n)}$, $n \in \mathbb{N} \cup \{0\}$, isomorph ist zu einem komplementierten Teilraum eines Banachverbandes (dabei ist $E^{(0)} := E$).

5. Auch in Satz 2.4 ist es nicht möglich, die Aussage (ii) dahingehend abzuändern, daß man lediglich die Nicht-Existenz von komplementierten, zu c_0 isomorphen Teilräumen fordert. Dies sieht man sofort am Beispiel $E = l_1$.

§3. Die Beziehung von A. Pełczyńskis Eigenschaft (V) zur Grothendieck-Eigenschaft

Wir haben in Bemerkung 3 von §2 darauf hingewiesen, daß bei Banachräumen die Nicht-Existenz komplementierter, zu c_0 isomorpher Teilräume und die schwache Folgenvollständigkeit des Duals nicht hinreichend ist für die Grothendieck-Eigenschaft. Will man nun Grothendieck-Räume mit Hilfe der Nicht-Existenz komplementierter, zu c_0 isomorpher Teilräume beschreiben, so werden wir die schwache Folgenvollständigkeit des Duals durch eine andere, nicht schwächere Bedingung ersetzen müssen. Es zeigt sich, daß die nachstehend eingeführten Eigenschaften das Gewünschte leisten.

3.1 Definition. Sei E ein Banachraum. E besitzt die *Eigenschaft (V)* (die *Eigenschaft* (V_1)), falls zu jedem nicht schwach kompakten Operator T von E in einen Banachraum F (in c_0) ein zu c_0 isomorpher Teilraum G von E existiert derart, daß $T_{|G}$ ein Isomorphismus von G in F (in c_0) ist.

Die Eigenschaft (V) wurde von A. PEŁCZYŃSKI in [47] eingeführt. Sie diente zur Beschreibung derjenigen Banachräume, auf denen die schwach kompakten mit den unbedingte Konvergenz erzeugenden Operatoren zusammenfallen. In [47] zeigt PEŁCZYŃSKI unter anderem auch, daß Banachräume mit der Eigenschaft (V) einen schwach folgenvollständigen Dual besitzen ([47, Cor. 5]). Mit denselben Argumenten beweist man, daß auch die Eigenschaft (V_1) die schwache Folgenvollständigkeit des Dualraums nach sich zieht.

Es gilt nun der nachstehende Satz (vgl. [45, Thm. 2.7] und [53, Prop. 5.3]):

3.2 Satz. Für einen Banachraum E sind die folgenden Aussagen äquivalent:
(i) E ist ein Grothendieck-Raum.
(ii) E besitzt die Eigenschaft (V_1) und kein komplementierter Teilraum von E ist isomorph zu c_0.

Beweis. Die Implikation (i) $\Rightarrow$ (ii) folgt leicht mit 1.8 und der Definition der Eigenschaft (V_1).

(ii) $\Rightarrow$ (i): Angenommen, E besitzt nicht die Grothendieck-Eigenschaft. Dann existiert ein nicht schwach kompakter Operator $T \in L(E, c_0)$ (1.8). Nach Voraussetzung enthält E einen zu c_0 isomorphen Teilraum G derart, daß $T_{|G}$ ein Isomorphismus ist. TG ist nach einem Resultat von A. SOBCZYK ([61, Thm. 4]) komplementierbar in c_0. Bezeichnet P eine Projektion von c_0 auf TG und i die kanonische Injektion von G in E, so ist $i \circ (T_{|G})^{-1} \circ P \circ T$ eine Projektion von E auf G. Dies ist ein Widerspruch. $\square$

Für Banachräume mit der Eigenschaft (V_1) ergibt sich aus Satz 3.2 eine besonders einfache Charakterisierung der Grothendieck-Eigenschaft.

3.3 Korollar. Sei E ein Banachraum mit der Eigenschaft (V_1). Dann sind die folgenden Aussagen äquivalent:
(i) E ist ein Grothendieck-Raum.
(ii) E besitzt keinen komplementierten, zu c_0 isomorphen Teilraum.

Die Voraussetzungen von Korollar 3.3 sind zum Beispiel erfüllt für
- jeden Banachraum mit der Eigenschaft (V),
- jeden Lindenstrauss-Raum ([29, Cor.]), insbesondere für jeden abgeschlossenen Untervektorverband eines Raumes $C(K)$, K kompakt,
- jeden injektiven Banachraum ([37, 2.f.1]),
- jeden reflexiven Banachraum,
- jeden Quotienten der oben angeführten Beispiele (siehe [47, Cor.1]).

Es ist anzumerken, daß jedes der oben angeführten Beispiele die Eigenschaft (V) besitzt. Ungeklärt ist das nachstehende Problem.

Problem 1. Besitzt ein Banachraum mit der Eigenschaft (V_1) stets auch die Eigenschaft (V)?

Für einige Klassen von Banachräumen werden wir diese Frage positiv beantworten können (3.6, 3.7). Eng verbunden mit Problem 1 ist die folgende Frage.

Problem 2. Kann in Aussage (ii) von Satz 3.2 die Eigenschaft (V_1) durch die Eigenschaft (V) ersetzt werden oder, äquivalent dazu, besitzt jeder Grothendieck-Raum die Eigenschaft (V)?

Auch hier erhalten wir für spezielle Klassen von Banachräumen eine positive Antwort (3.8). Wegen Satz 3.2 liefert jede positive Teillösung von Problem 1 auch eine positive Teilantwort auf die in Problem 2 gestellte Frage. Wie die Antwort auf das allgemein gestellte Problem 2 lautet, ist jedoch noch ungeklärt.

Die Ähnlichkeit der Eigenschaften (V) und (V_1) ist schon aus Definition 3.1 ersichtlich. Unterstützt wird dieser Eindruck durch die beiden nachfolgenden Sätze. Es handelt sich hierbei um Charakterisierungen der Eigenschaften (V) und (V_1). Zuvor weisen wir noch auf die folgende Definition hin: Ist E ein Banachraum, $A \subseteq E'$ und $x \in E$, so ist $p_A(x) := \sup_{x' \in A} |\langle x', x \rangle|$.

3.4 Satz. Für einen Banachraum E sind die folgenden Aussagen äquivalent:
 (i) E besitzt die Eigenschaft (V).
 (ii) Eine Teilmenge A von E' ist relativ $\sigma(E', E'')$-kompakt, wenn für jede schwach absolut summierbare Folge $(x_n)_{n \in \mathbb{N}}$ in E (d.h. $\sum_n |\langle x', x_n \rangle| < \infty$ für jedes $x' \in E'$) die Beziehung $\lim_n p_A(x_n) = 0$ gilt.
 (iii) Zu jedem nicht schwach kompakten Operator T von E in l_∞ existiert ein zu c_0 isomorpher Teilraum G von E derart, daß $T_{|G}$ ein Isomorphismus ist.

Beweis. Die Äquivalenz der Aussagen (i) und (ii) wurde von A. PEŁCZYŃSKI bereits gezeigt ([47, Prop.1] und [48, Lemma 1]). Die Implikation (i) $\Rightarrow$ (iii) ist trivial. Es bleibt somit nur noch die Implikation (iii) $\Rightarrow$ (ii) zu zeigen:

Seien hierzu X ein Banachraum und $T \in L(E, X)$ nicht schwach kompakt. Wegen dem Satz von EBERLEIN existiert eine normierte Folge $(x'_n)_{n \in \mathbb{N}}$ in X', so daß $(T' x'_n)_{n \in \mathbb{N}}$ keine schwach konvergente Teilfolge besitzt. Definiere nun $S \in L(X, l_\infty)$ durch $Sx := (\langle x'_n, x \rangle)_{n \in \mathbb{N}}$ für $x \in X$. Es ist $S' e_n = x'_n$ für jedes $n \in \mathbb{N}$

$(-$ dabei ist $e_n := (\delta_{nm})_{m\in\mathbb{N}} \in l_1 \subset l'_\infty)$. Somit ist $T' \circ S'$ und damit auch $S \circ T \in L(E, l_\infty)$ nicht schwach kompakt. Also existiert ein zu c_0 isomorpher Teilraum G von E, so daß $S \circ T_{|G}$ ein Isomorphismus ist. $T_{|G}$ ist dann ebenfalls ein Isomorphismus. $\square$

In Analogie zu Satz 3.4 läßt sich die Eigenschaft (V_1) wie folgt charakterisieren:

3.5 Satz. Für einen Banachraum E sind die nachfolgenden Aussagen äquivalent:
 (i) E besitzt die Eigenschaft (V_1).
 (ii) Eine $\sigma(E', E)$-folgenkompakte Menge $A \subset E'$ ist relativ $\sigma(E', E'')$-kompakt, wenn für jede schwach absolut summierbare Folge $(x_n)_{n\in\mathbb{N}}$ in E die Beziehung $\lim_n p_A(x_n) = 0$ gilt.
 (iii) Sei X ein Banachraum und $T \in L(E, X)$ so, daß $T' U^0$ $\sigma(E', E)$-folgenkompakt ist (U^0 bezeichne die Einheitskugel von x'). Dann ist entweder T schwach kompakt oder es existiert ein zu c_0 isomorpher Teilraum G von E derart, daß $T_{|G}$ ein Isomorphismus ist.

Beweis. (i) $\Rightarrow$ (ii): Sei $(x'_n)_{n\in\mathbb{N}}$ eine $\sigma(E', E)$-Nullfolge mit $\lim_n \sup_m |\langle x'_m, x_n \rangle| = 0$ für jede schwach absolut summierbare Folge $(x_n)_{n\in\mathbb{N}}$ in E. Dies impliziert, daß $T: E \to c_0: x \to (\langle x'_n, x \rangle)_{n\in\mathbb{N}}$ jede schwach absolut summierbare Folge aus E in eine Normnullfolge abbildet. Folglich existiert in E kein zu c_0 isomorpher Teilraum G derart, daß $T_{|G}$ ein Isomorphismus ist (A.2). Also muß T schwach kompakt und $(x'_n)_{n\in\mathbb{N}}$ somit eine $\sigma(E', E'')$-Nullfolge sein. Mit dem Satz von EBERLEIN folgt dann die gewünschte Aussage.

(ii) $\Rightarrow$ (iii): $T \in L(E, X)$ erfülle die Voraussetzungen von (iii). Ist T nicht schwach kompakt, so existiert nach (ii) eine schwach absolut summierbare Folge $(x_n)_{n\in\mathbb{N}}$ in E mit $\inf_n p_A(x_n) > 0$, wo $A := T' U^0$ ist. Insbesondere ist $\inf_n \| Tx_n \| > 0$. Nach A.2 existiert dann ein zu c_0 isomorpher Teilraum G von E derart, daß $T_{|G}$ ein Isomorphismus ist.

(iii) $\Rightarrow$ (i): Da beschränkte Mengen in $(c_0)'$ stets $\sigma((c_0)', c_0)$-folgenkompakt sind, folgt die Behauptung sofort. $\square$

Aussage (iii) von Satz 3.5 führt nun zu der folgenden Teillösung des auf Seite 19 formulierten Problems 1.

3.6 Korollar. Sei E ein Banachraum mit $\sigma(E', E)$-folgenkompakter dualer Einheitskugel. Dann sind die Eigenschaften (V) und (V_1) äquivalent.

Folglich besitzt, nach unseren Ausführungen auf Seite 19, jeder Grothendieck-Raum E mit $\sigma(E', E)$-folgenkompakter dualer Einheitskugel die Eigenschaft (V). Dies ist aber klar, denn nach 1.10 ist ein Grothendieck-Raum E mit $\sigma(E', E)$-folgenkompakter dualer Einheitskugel stets reflexiv und besitzt daher trivialerweise die Eigenschaft (V).

Interessante Klassen von Banachräumen, welche die in Problem 1 gestellte Frage positiv beantworten und welche auch eine nicht triviale Antwort auf die in

Problem 2 gestellte Frage geben, werden in dem nachfolgenden Satz vorgestellt. Der dort auftretende Begriff der reziproken Dunford-Pettis-Eigenschaft (kurz: reziproke DPE) ist in Appendix C. näher erläutert.

3.7 Satz. Sei E ein Banachraum. E sei isomorph zu einem komplementierten Teilraum eines Banachverbandes oder es existiere ein Banachverband F mit der reziproken DPE und ein Operator $Q \in L(F, E)$ mit $\overline{QF} = E$. Genau dann besitzt E die Eigenschaft (V), wenn E die Eigenschaft (V_1) besitzt.

Beweis. Nur die Implikation $(V_1) \Rightarrow (V)$ ist zu beweisen. Unter den an E gestellten Bedingungen ergibt sich, daß ein Banachverband F mit der reziproken DPE existiert und ein Operator $Q \in L(F, E)$ mit $\overline{QF} = E$. Für den Fall, daß E isomorph ist zu einem komplementierten Teilraum eines Banachverbandes, folgt dies aus der schwachen Folgenvollständigkeit von E' (S. 18), [21, Thm. 1.2] und C.1. $Q' \in L(E', F')$ ist ein injektiver Operator. Ist A eine $\sigma(E', E)$-kompakte Menge in E' und versehen wir $Q'A$ mit der von $\sigma(F', F)$ induzierten Topologie, so ist $Q'_{|A} : A \to Q'A$ ein Homöomorphismus. Es sei nun X ein Banachraum und $T \in L(E, X)$ ein nicht schwach kompakter Operator. E besitze die Eigenschaft (V_1). Bildet T' die Einheitskugel U^0 von X' auf eine $\sigma(E', E)$-folgenkompakte Menge ab, so existiert nach Satz 3.5 ein zu c_0 isomorpher Teilraum G von E derart, daß $T_{|G}$ ein Isomorphismus ist. Ist andererseits $T' U^0$ nicht $\sigma(E', E)$-folgenkompakt, so ist $(Q' \circ T')(U^0)$ nicht $\sigma(F', F)$-folgenkompakt und damit auch nicht $\sigma(F', I_F)$-folgenkompakt ($-$ dabei bezeichnet I_F das von F in F'' erzeugte Ideal). Wegen Bemerkung 1.(d) von § 5 und Korollar 6.8 existiert in F ein zu c_0 isomorpher Teilraum G_1, so daß $T \circ Q_{|G_1}$ ein Isomorphismus ist. Dann ist $G := QG_1$ isomorph zu c_0 und $T_{|G}$ ist ein Isomorphismus. Damit ist gezeigt, daß E die Eigenschaft (V) besitzt. □

Aus den Sätzen 3.7 und 3.2 ergibt sich nun leicht das nachstehende Korollar.

3.8 Korollar. Sei E ein Banachraum. E sei isomorph zu einem komplementierten Teilraum eines Banachverbandes oder es existiere ein Banachverband F mit der reziproken DPE und ein Operator $Q \in L(F, E)$ mit $\overline{QF} = E$. Dann sind die folgenden Aussagen äquivalent:

(i) E ist ein Grothendieck-Raum.

(ii) E besitzt die Eigenschaft (V) und kein komplementierter Teilraum von E ist isomorph zu c_0.

Korollar 3.8 ist eine Verallgemeinerung eines Resultats von C. P. NICULESCU ([45, Thm. 2.7]), welches Banachverbände mit der Grothendieck-Eigenschaft in obiger Weise charakterisiert. Für den Fall, daß E ein Banachverband ist, läßt sich die Aussage (ii) des Korollars noch leicht modifizieren (siehe Theorem 7.1 und Korollar 2.7).

§4. Eine Charakterisierung der Grothendieck-Eigenschaft mit Hilfe des Theorems von LOTZ-ROSENTHAL

Das Theorem von LOTZ-ROSENTHAL ([39, Thm. 1]) gibt Auskunft über das Verhalten bestimmter Operatoren auf separablen Banachverbänden, welche die reziproke DPE besitzen (zur Definition der reziproken DPE und weitere Erläuterungen dazu siehe Appendix C.). Es gilt nun:

4.1 Theorem. Sei E ein separabler Banachverband mit der reziproken DPE. Weiter seien X ein Banachraum und $T \in L(E, X)$ ein Operator, so daß $T'X'$ nicht separabel ist. Dann existiert ein komplementierbarer, zu $C[0,1]$ isomorpher Teilraum G von E derart, daß $T_{|G}$ ein Isomorphismus ist.

Ein Spezialfall dieses Resultats wurde einige Jahre zuvor von H. P. ROSENTHAL bewiesen ([50, Thm. 1]). Mit Hilfe dieses Resultats wiederum gelang J. DIESTEL und C. J. SEIFERT eine Charakterisierung von Grothendieck-Räumen vom Typ $C(K)$, K kompakt ([12, Cor. 12]). Eine ähnliche Argumentation führt, unter Verwendung von Theorem 4.1, zu der folgenden Verallgemeinerung des Ergebnisses von DIESTEL und SEIFERT.

4.2 Theorem. Sei E ein Banachraum. E sei isomorph zu einem komplementierten Teilraum eines Banachverbandes oder es existiere ein Banachverband F mit der reziproken DPE und ein Operator $Q \in L(F, E)$ mit $\overline{QF} = E$. Die folgenden Aussagen sind äquivalent:
 (i) E ist ein Grothendieck-Raum.
(ii) Zu jedem nicht schwach kompakten Operator T von E in einen Banachraum X existiert ein zu $C[0,1]$ isomorpher Teilraum G von E, so daß $T_{|G}$ ein Isomorphismus ist.

Beweis. Aus (ii) folgt, daß jeder Operator $T \in L(E, c_0)$ schwach kompakt ist. Wegen 1.8 ist daher E ein Grothendieck-Raum. Also gilt (ii) $\Rightarrow$ (i).

(i) $\Rightarrow$ (ii): Unter den an E gestellten Bedingungen ergibt sich, daß ein Banachverband F mit der reziproken DPE existiert und ein Operator $Q \in L(F, E)$ mit $\overline{QF} = E$. Für den Fall, daß E isomorph ist zu einem komplementierten Teilraum eines Banachverbandes, folgt dies aus der schwachen Folgenvollständigkeit von E' (1.5), [21, Thm. 1.2] und C.1. Sei nun $T \in L(E, X)$ nicht schwach kompakt. Da E' schwach folgenvollständig ist, folgt (siehe B.2):

(1) In X' existiert ein zu l_1 isomorpher Teilraum Y derart, daß $T'_{|Y}$ ein Isomorphismus ist.

Wegen B.1 und der Grothendieck-Eigenschaft von E gilt weiter: Ist $(x'_n)_{n \in \mathbb{N}} \subset X'$ und ist $(T'x'_n)_{n \in \mathbb{N}}$ äquivalent zur kanonischen l_1-Basis, so enthält $(T'x'_n)_{n \in \mathbb{N}}$ keine $\sigma(E', E)$-konvergente Teilfolge. Versehen wir nun die Einheitskugel U^0 von E'

bzw. die Menge $Q'(U^0)$ mit der von $\sigma(E',E)$ bzw. $\sigma(F',F)$ induzierten Topologie, so ist $Q'_{|U^0}\colon U^0 \to Q'(U^0)$ ein Homöomorphismus. Damit folgt:

(2) Ist $(x_n')_{n\in\mathbb{N}} \subset X'$ und $(T'x_n')_{n\in\mathbb{N}}$ äquivalent zur kanonischen l_1-Basis, so ist eine Teilfolge von $((Q' \circ T')x_n')_{n\in\mathbb{N}}$ ebenfalls äquivalent zur kanonischen l_1-Basis. Und ist $(x_n')_{n\in\mathbb{N}} \subset X'$ und $((Q' \circ T')x_n')_{n\in\mathbb{N}}$ äquivalent zur kanonischen l_1-Basis, so enthält $((Q' \circ T')x_n')_{n\in\mathbb{N}}$ keine $\sigma(F',F)$-konvergente Teilfolge.

Insgesamt ergibt sich aus (1) und (2): In $Y \subseteq X'$ existiert ein zu l_1 isomorpher Teilraum Z derart, daß $Q' \circ T'_{|Z}$ ein Isomorphismus ist. Und sind $(x_n')_{n\in\mathbb{N}} \subset X'$ und $((Q' \circ T')x_n')_{n\in\mathbb{N}}$ äquivalent zur kanonischen l_1-Basis, so enthält $((Q' \circ T')x_n')_{n\in\mathbb{N}}$ keine $\sigma(F',F)$-konvergente Teilfolge. Nach einem Resultat von DIESTEL und SEIFERT ([12, Thm. 8]) folgt dann:

(3) In F existiert ein zu l_1 isomorpher Teilraum G_1, so daß $T \circ Q_{|G_1}$ ein Isomorphismus ist.

Es bezeichne G_2 den kleinsten abgeschlossenen Untervektorverband von F mit $G_1 \subseteq G_2$. G_2 ist separabel ([41, Lemma I.2]) und besitzt die reziproke DPE (denn mit F besitzt auch G_2 keinen zu l_1 verbandsisomorphen, abgeschlossenen Untervektorverband; siehe dazu C.1). Wegen (3) und $G_1 \subseteq G_2$ ist $(T \circ Q_{|G_2})'(X')$ nicht separabel. Also existiert nach Theorem 4.1 ein zu $C[0,1]$ isomorpher Teilraum $G_3 \subseteq G_2$, so daß $T \circ Q_{|G_3}$ ein Isomorphismus ist. Setzen wir $G := Q(G_3)$, so ist G isomorph zu $C[0,1]$ und $T_{|G}$ ist ein Isomorphismus. Dies beweist die Behauptung. $\square$

Nach unseren Ausführungen auf S. 19 besitzt der Raum $C[0,1]$ die Eigenschaft (V). Daraus wiederum folgt mit Theorem 4.2, daß jeder Grothendieck-Raum, welcher den Voraussetzungen von Theorem 4.2 genügt, die Eigenschaft (V) besitzt. Wir erhalten somit einen anderen Beweis der Implikation (i) $\Rightarrow$ (ii) von Korollar 3.8.

In genau derselben Weise wie in Theorem 4.2 lassen sich Lindenstrauss-Räume, welche die Grothendieck-Eigenschaft besitzen, charakterisieren. Dabei nennt man einen Banachraum E *Lindenstrauss-Raum*, falls E' isometrisch isomorph ist zu einem AL-Raum.

4.3 Satz. Sei E ein Banachraum. Es existiere ein Lindenstrauss-Raum F und ein Operator $Q \in L(F,E)$ mit $\overline{QF} = E$. Dann sind die folgenden Aussagen äquivalent:
(i) E besitzt die Grothendieck-Eigenschaft.
(ii) Zu jedem nicht schwach kompakten Operator T von E in einen Banachraum X existiert ein zu $C[0,1]$ isomorpher Teilraum G von E, so daß $T_{|G}$ ein Isomorphismus ist.

Beweis. Die Implikation (ii) $\Rightarrow$ (i) haben wir schon in Theorem 4.2 bewiesen.

(i) $\Rightarrow$ (ii): Sei $T \in L(E, X)$ nicht schwach kompakt. Wie im Beweis der Implikation (i) $\Rightarrow$ (ii) von Theorem 4.2 zeigt man, daß ein zu l_1 isomorpher Teilraum $G_1 \subseteq F$ existiert derart, daß $T_{|G_1}$ ein Isomorphismus ist. Nach [35, § 22, Lemma 6] existiert ein abgeschlossener, separabler Teilraum G_2 von F, welcher G_1 enthält, derart, daß G_2 ein Lindenstrauss-Raum ist. Der Teilraum G_2 ist stetiges, lineares Bild von $C(\Delta)$ unter einem Operator S (— dabei bezeichnet Δ die Cantormenge) ([29]). Ist $(x_n)_{n \in \mathbb{N}} \subseteq G_2$ äquivalent zur kanonischen l_1-Basis und $(y_n)_{n \in \mathbb{N}}$ eine beschränkte Folge in $C(\Delta)$ mit $S y_n = x_n$ für jedes $n \in \mathbb{N}$, so folgt mit B.1, daß eine Teilfolge von $(y_n)_{n \in \mathbb{N}}$ äquivalent ist zur kanonischen l_1-Basis. Daraus läßt sich ableiten, daß in $C(\Delta)$ ein zu l_1 isomorpher Teilraum G_3 existiert derart, daß $T \circ Q \circ S_{|G_3}$ ein Isomorphismus ist. $C(\Delta)$ ist separabel und besitzt die reziproke DPE (siehe Appendix C.). Weiter ist $(T \circ Q \circ S)' X'$ nicht separabel. Also existiert nach Theorem 4.1 ein zu $C[0, 1]$ isomorpher Teilraum G_4 von $C(\Delta)$, so daß $T \circ Q \circ S_{|G_4}$ ein Isomorphismus ist. Der Teilraum $G := (Q \circ S) G_4 \subseteq E$ leistet dann das Gewünschte. $\square$

§ 5. Relativ schwach kompakte Mengen im Dual eines Banachverbandes

Die folgenden Paragraphen setzen sich überwiegend mit der Grothendieck-Eigenschaft in Banachverbänden auseinander. Das entscheidende Hilfsmittel hierfür stellen wir in diesem Paragraphen zur Verfügung (Theorem 5.1). Es handelt sich dabei um eine Charakterisierung relativ kompakter Mengen im Dual eines Banachverbandes für bestimmte schwache Topologien.

Dieses Resultat motiviert die Einführung eines verbandstheoretischen Analogons der Eigenschaft (V), der sogenannten Eigenschaft (V_0) (siehe § 6). Mit Hilfe der Eigenschaft (V_0) werden wir dann in § 7 Charakterisierungen von Banachverbänden mit der Grothendieck-Eigenschaft angeben können.

Bevor wir zum Hauptresultat dieses Paragraphen kommen, sind noch einige Vorbemerkungen und die Einführung einiger Bezeichnungsweisen erforderlich:

E bezeichne stets einen Banachverband. Für $x \in E_+$ sei E_x das von x in E erzeugte Hauptideal $I_x := \bigcup_{n \in \mathbb{N}} n[-x, x]$, versehen mit der Norm $y \to \inf \{\lambda > 0: y \in \lambda [-x, x]\}$.

(1) E_x ist ein *AM*-Raum mit Einheit x und die kanonische Injektion $i_x : E_x \to E$ ist ein Verbandshomomorphismus ([56, II.7.2, Cor.]).

Für $x' \in (E')_+$ heißt $N(x') := \{x \in E: \langle x', |x| \rangle = 0\}$ der *absolute Kern* von x'. Die Menge $P(x') := N(x')^{\perp} = \{x \in E: \inf(|x|, |y|) = 0$ für alle $y \in N(x')\}$ wird das *Band strikter Positivität* von x' genannt. Ist $P(x')$ ein Projektionsband in E, so bezeichne $P_{x'}$ die Bandprojektion von E auf $P(x')$. Für $x' \in E^s$ bzw. $x' \in E^n$ ist $N(x')$ ein σ-Ideal bzw. ein Band in E.

(2) Sind x' und y' ordnungsstetige, positive Linearformen auf E, so gilt genau
dann $\inf(x', y') = 0$, wenn $\inf(|x|, |y|) = 0$ ist für alle $x \in P(x')$ und alle
$y \in P(y')$ ([1, Thm. 3.10]).

$E/N(x')$, versehen mit der Norm $x + N(x') \to \langle x', |x| \rangle$, $x \in E$, ist ein L-normier-
ter Raum. Seine Vervollständigung (E, x') ist also ein AL-Raum. Bezeichnet q
die Quotientenabbildung von E auf $E/N(x')$, so definiert $j_{x'}: x \to qx$ einen Verbandshomomorphismus von E nach (E, x') ([56, IV.3, S. 243]).

(3) Der Dualraum von (E, x') ist isometrisch verbandsisomorph zu $(E')_{x'}$ und bei
Identifizierung von $(E, x')'$ und $(E')_{x'}$ ergibt sich $i_{x'} = (j_{x'})'$ ([56, IV. Exer-
cise 9]).

Es sei $B \subseteq E'$ und das von B in E' erzeugte Ideal I_B trenne die Punkte von E. Mit
$o(E, B)$ bezeichnen wir die von den Verbandshalbnormen $x \to \langle |x'|, |x| \rangle$, $x \in E$,
$x' \in B$, erzeugte lokalkonvex-solide Topologie auf E ([1, S. 40]).

(4) Es ist $(E, o(E, B))' = I_B$ ([1, Thm. 6.6]).

Schließlich möchten wir noch an die nachstehenden Bezeichnungsweisen erin-
nern: Eine Folge $(x_n)_{n \in \mathbb{N}}$ in E heißt *orthogonal*, falls $\inf(|x_n|, |x_m|) = 0$ ist für
$n, m \in \mathbb{N}$ mit $n \ne m$. Ist E ein Banachraum, $A \subseteq E'$ und $x \in E''$, so ist
$$p_A(x) := \sup_{x' \in A} |\langle x', x \rangle|.$$

Wir kommen nun zum Hauptresultat dieses Paragraphen.

5.1 Theorem. Es seien E ein Banachverband und F ein Ideal in E'', welches die
Punkte von E' trennt. Weiter sei A eine Teilmenge von E'. Man betrachte die folgenden Aussagen:
  (i) A ist relativ $\sigma(E', F)$-kompakt.
  (ii) A ist $\sigma(E', F)$-beschränkt und für jede ordnungsbeschränkte, orthogonale
    Folge $(x_n)_{n \in \mathbb{N}}$ in F_+ gilt $\lim_n p_A(x_n) = 0$.
  (iii) A ist $\sigma(E', F)$-beschränkt und jede orthogonale Folge $(x_n')_{n \in \mathbb{N}}$ in der soliden
    Hülle soA von A ist eine $o(E', F)$-Nullfolge.
Dann gelten die Implikationen (i) $\Rightarrow$ (ii) $\Leftrightarrow$ (iii). Ist zusätzlich $F \subseteq E'^n$, so sind alle
drei Aussagen äquivalent.

Der Beweis des Theorems baut auf den beiden nachfolgenden Lemmata auf.
Dabei ist Lemma 5.2 im wesentlichen eine Folgerung aus der Grothendieckschen
Charakterisierung relativ schwach kompakter Mengen von Radonmaßen auf
einem kompakten Raum K (siehe 1.3).

5.2 Lemma. Sei E ein AL-Raum. Für eine Teilmenge A von E sind die nachstehenden Aussagen äquivalent:
  (i) A ist relativ schwach kompakt.
  (ii) A ist beschränkt und für jede normbeschränkte, orthogonale Folge $(x_n')_{n \in \mathbb{N}}$
    in $(E')_+$ gilt die Beziehung $\lim_n p_A(x_n') = 0$.

5.3 Lemma. Es seien E ein Banachverband und F ein Ideal in $E'^{\,n}$, welches die Punkte von E' trennt. Dann ist E' versehen mit der Topologie $o(E', F)$ vollständig.

Beweis. Sei x' eine Linearform auf F, die auf jeder ordnungsbeschränkten Teilmenge von F stetig ist für die Topologie $\sigma(F, E')$. Nach dem Vollständigkeitskriterium von GROTHENDIECK ([54, IV.6.2]) genügt es, für den Beweis der Behauptung zu zeigen, daß $x' \in E'$ ist. Da jedes gegen Null ordnungskonvergente Netz in F ein $\sigma(F, E')$-Nullnetz ist, ergibt sich zunächst $x' \in F^{n}$. Unter den gegebenen Voraussetzungen folgt mit dem Satz von NAKANO ([56, II.4.12]), daß E', aufgefaßt als Teilmenge von F^{n}, ein ordnungsdichtes Ideal in F^{n} ist. Also existieren monoton wachsende Netze $(y'_\alpha)_{\alpha \in \mathscr{A}}$ und $(z'_\beta)_{\beta \in \mathscr{B}}$ in $(E')_+$ mit $(x')_+ = \sup_\alpha y'_\alpha$ und $(x')_- = \sup_\beta z'_\beta$. Seien y' und z' die durch $\langle y', x \rangle := \sup_\alpha \langle y'_\alpha, x \rangle$ und $\langle z', x \rangle := \sup_\beta \langle z'_\beta, x \rangle$, $x \in E_+$, eindeutig bestimmten positiven Linearformen auf E (siehe [56, S. 58]). Wegen $y' \geqq (x')_+$ und $z' \geqq (x')_-$ ergibt sich dann die Beziehung $|x'| \leqq y' + z' \in E'$. Da aber E' ein Ideal in F^{n} ist, folgt schließlich $x' \in E'$. $\square$

Beweis von Theorem 5.1: Nach Lemma 5.2 und (3) besagt die Aussage (ii) des Theorems nichts anderes, als daß für jedes $x \in F_+$ die Menge $j_x(A) \subset (E', x)$ relativ schwach kompakt ist. Dies ist sicher der Fall, wenn A relativ $\sigma(E', F)$-kompakt ist. Denn für jedes $x \in F_+$ ist j_x eine stetige Abbildung von $(E', o(E', F))$ in (E', x). Nach [54, VI.7.5 Cor.] ist dann wegen $(E', o(F', F))' = F$ (siehe (4)) die Abbildung j_x auch stetig für die Topologien $\sigma(E', F)$ und $\sigma((E', x), (E', x)')$. Daraus folgt das Gewünschte. Damit ist dann (i) $\Rightarrow$ (ii) bewiesen.

(ii) $\Rightarrow$ (iii): Mit A genügt auch soA der Bedingung (ii). Sei nun $(x'_n)_{n \in \mathbb{N}}$ eine orthogonale Folge in soA. Für $n \in \mathbb{N}$ bezeichne P_n die Bandprojektion von E'' auf das Band $P(|x'_n|)$ strikter Positivität von $|x'_n|$. Für $x \in F_+$ ist $(P_n x)_{n \in \mathbb{N}}$ eine durch x majorisierte orthogonale Folge in F_+ (siehe (2)). Dann gilt $\lim_n p_A(P_n x) = 0$ nach Voraussetzung. Insbesondere ist

$$0 = \lim_n \langle |x'_n|, P_n x \rangle = \lim_n \langle |x'_n|, x \rangle .$$

Dies zeigt, daß $(|x'_n|)_{n \in \mathbb{N}}$ und damit auch $(x'_n)_{n \in \mathbb{N}}$ eine $o(E', F)$-Nullfolge ist.

(iii) $\Rightarrow$ (ii): Angenommen, Aussage (ii) ist nicht richtig. Dann existieren $\varepsilon > 0$, eine durch $x \in F_+$ majorisierte, orthogonale Folge $(x_n)_{n \in \mathbb{N}}$ in F_+ und eine Folge $(x'_n)_{n \in \mathbb{N}}$ in A mit $|\langle x'_n, x_n \rangle| \geqq \langle |x'_n|, x_n \rangle > \varepsilon$ für jedes $n \in \mathbb{N}$. Es bezeichne P_n die Bandprojektion von E' auf das Band strikter Positivität von x_n. Nach (2) ist $(P_n |x'_n|)_{n \in \mathbb{N}}$ eine orthogonale Folge in soA und es gilt

$$0 < \varepsilon < \langle |x'_n|, x_n \rangle = \langle P_n |x'_n|, x_n \rangle \leqq \langle P_n |x'_n|, x \rangle$$

für alle $n \in \mathbb{N}$. Daher kann $(P_n |x'_n|)_{n \in \mathbb{N}}$ keine $o(E', F)$-Nullfolge sein. Dies widerspricht unserer Voraussetzung.

Wir beweisen nun die Implikation (ii) $\Rightarrow$ (i), falls zusätzlich $F \subseteq E'^{\,n}$ gilt. Sei $G := \Pi_{x \in F_+}(E', x)$, versehen mit der Produkttopologie. Weiter sei $j : E' \to G$ definiert durch $j(x') := (j_x(x'))_{x \in F_+}$, $x' \in E'$. Die Abbildung j ist ein Isomorphismus von $(E', o(E', F))$ in G. Wegen Lemma 5.3 ist jE' abgeschlossen in G. Ist nun $A \subset E'$ wie in Aussage (ii), so ist $j_x A$ relativ schwach kompakt für jedes $x \in F_+$. Mit [54, IV.4.3] folgt dann, daß jA relativ $\sigma(G, G')$-kompakt ist. Da j auch ein Isomorphismus für die Topologien $\sigma(E', F)$ und $\sigma(G, G')$ ist ([54, IV.7.5 Cor.]), folgt wegen der Abgeschlossenheit von jE', daß A relativ $\sigma(E', F)$-kompakt ist. $\square$

Für Banachverbände E, welche der Beziehung $E'' = E'^{\,n}$ genügen, welche also die reziproke DPE besitzen (siehe C.2), erhalten wir mit Theorem 5.1 die folgende Charakterisierung relativ schwach kompakter Mengen in E'.

5.4 Korollar. Sei E ein Banachverband mit der reziproken DPE. Für eine Teilmenge A von E' sind die folgenden Aussagen äquivalent:
 (i) A ist relativ schwach kompakt.
 (ii) A ist beschränkt und für jede ordnungsbeschränkte, orthogonale Folge $(x_n)_{n \in \mathbb{N}}$ in $(E'')_+$ gilt $\lim_n p_A(x_n) = 0$.
 (iii) A ist beschränkt und jede orthogonale Folge in der soliden Hülle soA von A ist eine schwache Nullfolge.

Bemerkungen. 1. Genügen E, F und A den Voraussetzungen von Theorem 5.1 und ist $F \subseteq E'^{\,n}$, so ergeben sich aus Theorem 5.1 die nachstehenden Aussagen:
(a) Mit A ist auch die konvexe solide Hülle $cvsoA$ von A relativ $\sigma(E', F)$-kompakt.
(b) Ist $\bar{F}$ der Normabschluß von F in E'', A relativ $\sigma(E', F)$-kompakt und normbeschränkt, dann ist A auch relativ $\sigma(E', \bar{F})$-kompakt.
(c) E' ist $\sigma(E', F)$-folgenvollständig: Nach Beweisteil (ii) $\Rightarrow$ (i) von Theorem 5.1 existiert ein Isomorphismus j von $(E', \sigma(E', F))$ auf einen abgeschlossenen Teilraum jE' von $(G, \sigma(G, G'))$. Mit [54, IV.4.3] folgt, daß G als Produkt schwach folgenvollständiger Banachräume ([56, II.8.8 Cor.]) wieder schwach folgenvollständig ist. Wegen der Abgeschlossenheit von jE' in $(G, \sigma(G, G'))$ ergibt sich dann das Gewünschte.
(d) Ist A $\sigma(E', F)$-*folgenpräkompakt* (d. h. jede Folge in A enthält eine $\sigma(E', F)$-Cauchyfolge als Teilfolge), so ist $j_x A \subset (E', x)$ relativ $\sigma((E', x), (E', x)')$-kompakt für jedes $x \in F_+$. Somit erfüllt A die Aussage (ii) von Theorem 5.1. Also ist A relativ $\sigma(E', F)$-kompakt. Daß die Umkehrung hiervon im allgemeinen nicht gilt, zeigt ein Beispiel von O. BURKINSHAW und P. G. DODDS ([7, Example 3.6]). Ist hingegen E' *ordnungsseparabel* (d. h. jede Menge $B \subseteq E'$ mit $\sup_{x' \in B} x' \in E'$ enthält eine abzählbare Teilmenge C mit $\sup_{x' \in C} x' = \sup_{x' \in B} x'$), so ist umgekehrt jede relativ $\sigma(E', F)$-kompakte Menge in E' auch $\sigma(E', F)$-folgenpräkompakt ([7, Thm.3.4]). Dies ist insbesondere dann der Fall, wenn die Norm von E' ordnungsstetig ist ([56, II.5.10, Cor. 1]) oder, äquivalent dazu, wenn E die reziproke DPE besitzt (C.2). In dieser Situation fallen also für die Topologie $\sigma(E', F)$ folgenkompakte, folgenpräkompakte und relativ kompakte Mengen in E' zusammen.

2. In der von B. KÜHN ([31]) eingeführten Terminologie besagt Theorem 5.1:
Ist F ein punktetrennendes Ideal in E'^n, so fallen die relativ $\sigma(E',F)$-kompakten
Mengen mit den $\sigma(E',F)$-orthogonalkompakten Mengen zusammen.

3. Ist E ein AM-Raum und $F = E'' = E'^n$, so folgt mit Theorem 5.1:
Eine beschränkte Menge $A \subset E'$ ist genau dann relativ $\sigma(E',E'')$-kompakt, wenn
jede orthogonale Folge in soA eine Normnullfolge ist.

In der Terminologie von P. MEYER-NIEBERG ([41]) bzw. B. KÜHN ([31]) be-
deutet dies, daß die relativ schwach kompakten Mengen im Dual eines AM-Rau-
mes mit den L-schwach kompakten bzw. den norm-orthogonalkompakten Mengen zusammenfallen.

4. Weitere Charakterisierungen relativ kompakter Mengen für bestimmte
schwache Topologien sind zum Beispiel in [1, Sec. 20, 21], [6], [8], [16], [22, § 8],
[31] und [59] zu finden.

Aus Theorem 5.1 erhalten wir nun erste Aussagen über das Zusammenfallen
relativ kompakter Mengen bzw. über das Zusammenfallen der Konvergenz von
Folgen für unterschiedliche schwache Topologien. Diese Aussagen sind in dem
nachfolgenden Korollar zusammengefaßt. Für einen Banachverband E bezeichne
I_E das von E in E'' erzeugte Ideal.

5.5 Korollar. Es seien E ein Banachverband und F und G punktetrennende Ideale
in E'^n. Dann gilt:
(i) Falls jede positive, orthogonale $\sigma(E',G)$-Nullfolge eine $\sigma(E',F)$-Nullfolge
    ist, so ist jede $\sigma(E',F)$-beschränkte, relativ $\sigma(E',G)$-kompakte Menge auch
    relativ $\sigma(E',F+G)$-kompakt und jede $\sigma(E',F)$-beschränkte, $\sigma(E',G)$-kon-
    vergente Folge ist $\sigma(E',F+G)$-konvergent.
(ii) Insbesondere gilt: Falls jede positive, orthogonale $\sigma(E',E)$-Nullfolge eine
     $\sigma(E',F)$-Nullfolge ist, so ist jede relativ $\sigma(E',I_E)$-kompakte Menge auch
     relativ $\sigma(E',F)$-kompakt und jede $\sigma(E',I_E)$-konvergente Folge ist $\sigma(E',F)$-
     konvergent.

Beweis. Aussage (ii) ist eine unmittelbare Folgerung aus (i). Der erste Teil von
Aussage (i) folgt aus Theorem 5.1. Der zweite Teil von (i) ergibt sich dann mit
dem nachfolgenden, leicht zu beweisenden Lemma. $\square$

5.6 Lemma. Es seien M eine Menge, $\mathcal{T}_1$ und $\mathcal{T}_2$ Hausdorff-Topologien auf M
und $\mathcal{T}_2$ sei feiner als $\mathcal{T}_1$. Weiter sei $(x_\alpha)_{\alpha \in \mathcal{A}}$ ein $\mathcal{T}_1$-konvergentes Netz in M und
die Menge $A := \{x_\alpha : \alpha \in \mathcal{A}\}$ sei relativ $\mathcal{T}_2$-kompakt. Dann ist $(x_\alpha)_{\alpha \in \mathcal{A}}$ auch $\mathcal{T}_2$-
konvergent mit demselben Limes.

§ 6. Die Eigenschaft (V_0)

In § 5, Bemerkung 3, haben wir gesehen, daß eine beschränkte Menge A im Dual eines AM-Raumes E genau dann relativ $\sigma(E', E'')$-kompakt ist, wenn jede orthogonale Folge in soA eine Normnullfolge ist. Nach einem Resultat von P. MEYER-NIEBERG ist dies genau dann der Fall, wenn jede normbeschränkte, orthogonale Folge aus E_+ gleichmäßig auf A gegen Null konvergiert (siehe Satz 9.2). Normbeschränkte Folgen in E_+ sind aber stets ordnungsbeschränkt in E'', da E'' ein AM-Raum mit Einheit ist. Motiviert durch diese Beobachtung und das Theorem 5.1 führen wir nun die nachfolgenden Bezeichnungsweisen ein. Für einen Banachraum E, eine Menge $A \subseteq E'$ und $x \in E$ definieren wir $p_A(x) := \sup_{x' \in A} |\langle x', x \rangle|$.

6.1 Definition. E bezeichne einen Banachverband.

(a) Sind $B \subseteq E$ und $C \subseteq E''$ Mengen mit der Eigenschaft, daß ein Element $y \in C$ existiert mit $x \leq y$ für alle $x \in B$, so sagt man, B ist *C-majorisiert*.

(b) Ein Ideal F in E'', welches die Punkte von E' trennt, heißt (V_0)-*Ideal*, falls gilt:
   Eine $\sigma(E', F)$-beschränkte Menge $A \subseteq E'$ ist (genau dann) relativ $\sigma(E', F)$-kompakt, wenn für jede F-majorisierte, orthogonale Folge $(x_n)_{n \in \mathbb{N}}$ in E_+ $\lim_n p_A(x_n) = 0$ ist.

(c) Ist E'' ein (V_0)-Ideal, so sagt man, E besitzt die *Eigenschaft* (V_0).

Mit diesen Bezeichnungen besagen unsere einleitenden Worte, daß jeder AM-Raum E die Eigenschaft (V_0) besitzt. Dieses Resultat erhalten wir später auch als einfache Folgerung aus Lemma 6.4 (siehe Bem. 5).

Da für einen Banachverband E die E''-majorisierten, orthogonalen Folgen in E_+ mit den schwach absolut summierbaren, orthogonalen Folgen in E_+ zusammenfallen, ergibt sich mit Satz 3.4:

6.2 Satz. Jeder Banachverband mit der Eigenschaft (V_0) besitzt auch die Eigenschaft (V).

Nicht jedes punktetrennende Ideal im Bidual eines Banachverbandes kann ein (V_0)-Ideal sein. So ist zum Beispiel für $E = l_1$ kein Ideal F in E'', welches E echt enthält, ein (V_0)-Ideal. Daß nur ganz bestimmte Ideale als (V_0)-Ideale in Frage kommen, zeigt der folgende Satz.

6.3 Satz. Es seien E ein Banachverband und F ein (V_0)-Ideal in E''. Dann ist $F \subseteq E'^n$.

Beweis. Für den Nachweis der Beziehung $F \subseteq E'^n$ genügt es zu zeigen, daß jedes ordnungsbeschränkte Netz $(x'_\alpha)_{\alpha \in \mathscr{A}}$ in $(E')_+$ mit $x'_\alpha \downarrow 0$ (d. h. $(x'_\alpha)_{\alpha \in \mathscr{A}}$ ist monoton fallend mit $\inf_\alpha x'_\alpha = 0$) ein $\sigma(E', F)$-Nullnetz ist. Da die Menge $A := \{x'_\alpha : \alpha \in \mathscr{A}\}$ ordnungsbeschränkt ist, konvergiert jede F-majorisierte, orthogonale Folge

$(x_n)_{n \in \mathbb{N}}$ in E_+ gleichmäßig auf A gegen Null. Also ist A relativ $\sigma(E', F)$-kompakt ($-$ beachte F ist ein (V_0)-Ideal). Wegen $E \subseteq E'^{\,n}$ (Folgerung aus [56, II.4.2]) ist $(x'_\alpha)_{\alpha \in \mathscr{A}}$ ein $\sigma(E', E)$-Nullnetz. Mit Lemma 5.6 folgt dann, daß $(x'_\alpha)_{\alpha \in \mathscr{A}}$ ein $\sigma(E', F)$-Nullnetz ist, was zu zeigen war. $\square$

Daß nicht umgekehrt jedes die Punkte von E' trennende Ideal in $E'^{\,n}$ ein (V_0)-Ideal ist, zeigt, zusammen mit dem später bewiesenen Theorem 6.7, ein Beispiel von T. FIGIEL, N. GHOUSSOUB und W. B. JOHNSON ([21, Example 3.1]).

Aus Satz 6.3, Theorem 5.1 und Bemerkung 1.(b) von § 5 ergibt sich nun: Ist E ein Banachverband und sind F und G (V_0)-Ideale in E'', so ist auch $F + G$ ein (V_0)-Ideal. Ist darüber hinaus $E \subseteq F$, so ist $\bar{F}$ ebenfalls ein (V_0)-Ideal. Weiter zeigen wir mit Satz 6.5, daß zu jedem Banachverband E mindestens ein (V_0)-Ideal in E'' existiert, welches E enthält. Mit dem Lemma von ZORN folgt dann, daß für jeden Banachverband E ein größtes (V_0)-Ideal V_E in E'' existiert.

Wir stellen nun eine Methode vor, aus einem vorgegebenen Ideal F in E'', welches den Banachverband E enthält, ein (V_0)-Ideal F_V zu konstruieren. Das zentrale Hilfsmittel hierfür ist das nachfolgende Lemma. Zuvor bemerken wir noch, daß für einen Banachverband E und eine beschränkte, solide Menge S in E'' die Abbildung $p_S : E' \to \mathbb{R} : x' \to \sup_{x'' \in S} |\langle x'', x' \rangle|$ eine stetige Verbandshalbnorm auf E' ist.

6.4 Lemma. Es seien E ein Banachverband und F ein punktetrennendes Ideal in E''. Weiter sei $\mathscr{S}$ ein System von beschränkten, soliden, $\sigma(F, E')$-abgeschlossenen Mengen in F mit $\overline{\bigcup_{S \in \mathscr{S}} S}^{\,\sigma(F, E')} = F$ und $\overline{S \cap E}^{\,\sigma(F, E')} = S$ für jedes $S \in \mathscr{S}$. Mit $\mathscr{T}_{\mathscr{S}}$ bezeichnen wir die von den Verbandshalbnormen p_S, $S \in \mathscr{S}$, erzeugte lokalkonvex-solide Topologie auf E' ([1, S. 38]). Für eine $\mathscr{T}_{\mathscr{S}}$-beschränkte Menge A in E' sind dann die folgenden Aussagen äquivalent:

(i) Jede orthogonale Folge in der soliden Hülle soA von A ist eine $\mathscr{T}_{\mathscr{S}}$-Nullfolge.

(ii) Ist $S \in \mathscr{S}$, so gilt für jede orthogonale Folge $(x_n)_{n \in \mathbb{N}}$ in $S \cap E_+$ die Beziehung $\lim_n p_A(x_n) = 0$.

Beweis. (i) $\Rightarrow$ (ii): Angenommen, Aussage (ii) ist nicht richtig. Dann existieren $\varepsilon > 0$, $S \in \mathscr{S}$ und eine orthogonale Folge $(x_n)_{n \in \mathbb{N}}$ in $S \cap E_+$ mit $p_A(x_n) > \varepsilon$ für jedes $n \in \mathbb{N}$. Also existieren $x'_n \in A$ mit $|\langle x'_n, x_n \rangle| > \varepsilon$ für jedes $n \in \mathbb{N}$. Es bezeichne P_n die Bandprojektion von E' auf das Band strikter Positivität von x_n. Setzen wir $y'_n := P_n |x'_n|$, so ist $(y'_n)_{n \in \mathbb{N}}$ eine orthogonale Folge in soA (siehe (2) auf S. 25) und für jedes $n \in \mathbb{N}$ gilt

$$\langle y'_n, x_n \rangle = \langle |x'_n|, x_n \rangle \geqq |\langle x'_n, x_n \rangle| > \varepsilon.$$

Also kann $(y'_n)_{n \in \mathbb{N}}$ keine $\mathscr{T}_{\mathscr{S}}$-Nullfolge sein. Dies steht im Widerspruch zu (i).

(ii) $\Rightarrow$ (i): Mit A besitzt auch soA die in (ii) formulierte Eigenschaft. Ohne Einschränkung sei also A solid. Angenommen, Aussage (i) ist falsch. Dann existieren $\varepsilon > 0$, eine orthogonale Folge $(x'_n)_{n \in \mathbb{N}}$ in A und eine Folge $(x_n)_{n \in \mathbb{N}}$ in einer Menge $S \in \mathscr{S}$ mit $\langle x'_n, x_n \rangle > \varepsilon$ für jedes $n \in \mathbb{N}$. Ohne Einschränkung gelte

$0 \leq x_n \in E \cap S$ und $0 \leq x'_n$ für jedes $n \in \mathbb{N}$. Setze nun $y := \sum_n 2^{-n} x_n \in E_+$. Definiere $y'_n : E_y \to \mathbb{R} : z \to \langle x'_n, z \cdot x_n \rangle$ (– dabei verstehen wir unter $z \cdot x_n$ die Multiplikation in E_y, aufgefaßt als Raum stetiger Funktionen). Jede der Linearformen y'_n ist positiv, also stetig. Weiter ist die Folge $(y'_n)_{n \in \mathbb{N}}$ in $(E_y)'$ normbeschränkt und orthogonal. Wegen $\langle y'_n, y \rangle = \langle x'_n, x_n \rangle > \varepsilon$ gilt $\| y_n' \| > \varepsilon$ für jedes $n \in \mathbb{N}$. Also kann nach § 5, Bem. 3, die Menge $\{ y'_n : n \in \mathbb{N} \}$ nicht relativ $\sigma((E_y)', (E_y)'')$-kompakt sein. Mit Hilfe der Grothendieckschen Charakterisierung relativ schwach kompakter Mengen von Radonmaßen (1.3) folgt die Existenz von $\delta > 0$, einer orthogonalen Folge $(y_n)_{n \in \mathbb{N}}$ im Positivteil der Einheitskugel von E_y und einer Teilfolge $(y'_{n_k})_{k \in \mathbb{N}}$ von $(y'_n)_{n \in \mathbb{N}}$ mit $\langle y'_{n_k}, y_k \rangle > \delta$ für jedes $k \in \mathbb{N}$. Wir setzen nun $v_k := y_k \cdot x_{n_k}$. Dann ist $(v_k)_{k \in \mathbb{N}}$ eine orthogonale Folge in $S \cap E_+$ und für jedes $k \in \mathbb{N}$ gilt $\langle x'_{n_k}, v_k \rangle = \langle y'_{n_k}, y_k \rangle > \delta$. Dies steht im Widerspruch zu der an die Menge A gestellten Bedingung. $\square$

6.5 Satz. Es seien E ein Banachverband und F ein Ideal in E'', welches E enthält. Dann ist $F_V := \bigcup_{x \in F_+} \overline{[-x, x] \cap E}^{\,\sigma(E'', E')}$ ein (V_0)-Ideal.

Beweis. F_V ist ein linearer Teilraum von E''. Wir zeigen nun, daß für jedes $x \in F_+$ die Menge $\overline{[-x, x] \cap E}^{\,\sigma(E'', E')}$ solid und in $E'^{\,n}$ enthalten ist. Sei dazu $(x_\alpha)_{\alpha \in \mathscr{A}}$ ein monoton wachsendes Netz in $[-x, x] \cap E_+$ mit $y := \sup_\alpha x_\alpha = \sup([-x, x] \cap E) \in E'^{\,n}$. Offensichtlich ist dann $y = \sigma(E'', E')\text{-}\lim_\alpha x_\alpha$ und $\overline{[-x, x] \cap E}^{\,\sigma(E'', E')} \subseteq [-y, y] \subset E'^{\,n}$. Andererseits ist $\overline{[-x, x] \cap E}^{\,\sigma(E'', E')}$ die Bipolare von $[-x, x] \cap E$ in E'' ([54, IV.1.5]) und somit eine solide Teilmenge von E'' ([56, II.4.7]). Daraus ergibt sich dann $\overline{[-x, x] \cap E}^{\,\sigma(E'', E')} = [-y, y] \subset E'^{\,n}$. Also ist F_V ein punktetrennendes Ideal in $E'^{\,n}$. Das Mengensystem $\mathscr{S}$, bestehend aus den Mengen $\overline{[-x, x] \cap E}^{\,\sigma(E'', E')}$, $x \in F_+$, erfüllt die Voraussetzungen von Lemma 6.4. Die Topologie $\mathscr{T}_{\mathscr{S}}$ ist identisch mit der Topologie $o(E', F_V)$. Daher fallen die $\mathscr{T}_{\mathscr{S}}$-beschränkten und die $\sigma(E', F_V)$-beschränkten Mengen zusammen (siehe (4) auf S. 25 und [54, IV.3.2, Cor. 2]). Da die Mengen $[-x, x] \cap E$, $x \in F_+$, ordnungsbeschränkt sind in F_V, folgt dann mit Lemma 6.4 und Theorem 5.1 die Behauptung. $\square$

Bemerkungen. Als einfache Folgerungen aus Satz 6.5 und Theorem 5.1 ergeben sich:

1. Ist E ein Banachverband und F ein Ideal in E'' mit $E \subseteq F$ und $F = \bigcup_{x \in F_+} \overline{[-x, x] \cap E}^{\,\sigma(E'', E')}$, so ist F ein (V_0)-Ideal. Als Spezialfall von 1. ergibt sich:

2. Für jeden Banachverband E ist das von E in E'' erzeugte Ideal I_E ein (V_0)-Ideal.

3. Für Banachverbände mit ordnungsstetiger Norm ist $E'^{\,n} = \bigcup_{x \in E''} \overline{[-x, x] \cap E}^{\,\sigma(E'', E')}$ ein (V_0)-Ideal.

4. Ist F ein Ideal in $E'^{\,n}$ mit $E \subseteq F$ derart, daß jede positive, orthogonale $\sigma(E', E)$-Nullfolge eine $\sigma(E', F)$-Nullfolge ist, so sind für eine beschränkte Menge $A \subset E'$ die folgenden Aussagen äquivalent:

(i) A ist relativ $\sigma(E',F)$-kompakt.

(ii) Für jede ordnungsbeschränkte, orthogonale Folge $(x_n)_{n\in\mathbb{N}}$ in E_+ gilt $\lim_n p_A(x_n) = 0$.

Inbesondere ist jedes solche Ideal F ein (V_0)-Ideal.

5. Jeder AM-Raum E besitzt die Eigenschaft (V_0). Dies folgt aus Bemerkung 3 in § 5 und Lemma 6.4, indem man das Mengensystem $\mathscr{S}$ aus Lemma 6.4 gleich $\{n \cdot [-e, e]: n\in\mathbb{N}\}$ setzt ($-$ dabei bezeichnet e eine Ordnungseinheit von E'').

Aus den Bemerkungen 1. $-$ 5. ergeben sich nun die nachfolgenden Beispiele von Banachverbänden mit der Eigenschaft (V_0):

6.6 Satz. Sei E ein Banachverband. Erfüllt E eine der nachstehenden Bedingungen, so besitzt E die Eigenschaft (V_0):

(i) E ist ein AM-Raum (Bem. 5).

(ii) Das von E in E'' erzeugte Ideal I_E ist dicht in E'' (S. 30 und Bem. 2).

(iii) Sowohl E als auch E' besitzen ordnungsstetige Norm (C.2 und Bem. 3).

(iv) E besitzt die reziproke DPE und jede orthogonale $\sigma(E',E)$-Nullfolge in E_+ ist eine $\sigma(E',E'')$-Nullfolge (C.2 und Bem. 4).

(v) E ist ein Grothendieck-Raum (1.5, C.2 und Bem. 4).

Satz 6.6 ist eine Verallgemeinerung und Verschärfung eines Resultats von A. Pełczyński ([47, Thm. 1]). Dort wurde gezeigt, daß jeder Raum $C(K)$, K kompakt, die Eigenschaft (V) besitzt.

Wir kommen nun zu einer Charakterisierung von (V_0)-Idealen, welche den Banachverband E enthalten. Diese ist ähnlich zu der in Satz 3.4 vorgestellten Charakterisierung der Eigenschaft (V). Der Beweis folgt im wesentlichen einer Argumentation von A. Pełczyński ([47, Beweis von Prop. 1]).

6.7 Theorem. Es seien E ein Banachverband und F ein Ideal in E'' mit $E \subseteq F$. Die folgenden Aussagen sind äquivalent:

(i) F ist ein (V_0)-Ideal.

(ii) Ist T ein Operator von E in einen Banachraum X, so gilt entweder

    a) T' bildet beschränkte Mengen von X' auf relativ $\sigma(E',F)$-kompakte Mengen ab oder

    b) E enthält einen abgeschlossenen Untervektorverband G, verbandsisomorph zu c_0 und mit F-majorisierter Einheitskugel, derart, daß $T_{|G}$ ein Isomorphismus von G in X ist.

Beweis. Zunächst zeigen wir, daß die Aussagen a) und b) in (ii) nicht gleichzeitig gelten können. Angenommen, es gilt Aussage b). Dann existiert eine F-majorisierte, orthogonale Folge $(x_n)_{n\in\mathbb{N}}$ in E_+, so daß $(Tx_n)_{n\in\mathbb{N}}$ und $(x_n)_{n\in\mathbb{N}}$ äquivalent sind zur kanonischen c_0-Basis. Sei x_n' eine normerhaltende Fortsetzung der auf $\overline{\mathrm{lin}}\{Tx_n: n\in\mathbb{N}\}$ durch $\langle y_n', Tx_m\rangle := \delta_{nm}$, $n, m\in\mathbb{N}$, definierten stetigen Linearform y_n'. Dann ist die Menge $\{x_n': n\in\mathbb{N}\} \subset X'$ beschränkt, aber die Menge

$A := \{T'x'_n : n \in \mathbb{N}\}$ kann nicht relativ $\sigma(E',F)$-kompakt sein. Denn sonst müßte jede F-majorisierte, orthogonale Folge in F_+, insbesondere also die Folge $(x_n)_{n \in \mathbb{N}}$, auf der Menge A gleichmäßig gegen Null konvergieren (siehe Theorem 5.1). Dies ist aber offensichtlich nicht der Fall.

(i) $\Rightarrow$ (ii): Es seien X ein Banachraum und $T \in L(E,X)$. Angenommen, Aussage a) ist nicht erfüllt. Nach Voraussetzung existieren dann $\varepsilon > 0$ und eine durch ein Element $x \in F_+$ majorisierte, orthogonale Folge $(x_n)_{n \in \mathbb{N}}$ in E_+ mit $\|Tx_n\| > \varepsilon$ für alle $n \in \mathbb{N}$. Die Folge $(x_n)_{n \in \mathbb{N}}$ ist schwach absolut summierbar. Nach A.2 existiert eine Teilfolge $(x_{n_k})_{k \in \mathbb{N}}$ von $(x_n)_{n \in \mathbb{N}}$, so daß $G := \overline{\mathrm{lin}}\{x_{n_k} : k \in \mathbb{N}\}$ ein zu c_0 verbandsisomorpher Untervektorverband von E und $T_{|G}$ ein Isomorphismus ist. Da die Folge $(x_n)_{n \in \mathbb{N}}$ ordnungsbeschränkt ist in F, besitzt G sogar eine F-majorisierte Einheitskugel.

(ii) $\Rightarrow$ (i): Sei A eine beschränkte Teilmenge von E' und für jede F-majorisierte orthogonale Folge $(x_n)_{n \in \mathbb{N}}$ in E_+ gelte $\lim_n p_A(x_n) = 0$. $B(A)$ sei die Menge der beschränkten reellwertigen Funktionen auf A, versehen mit der Norm $\|f\| := \sup_{x' \in A} |f(x')|$. $T : E \to B(A)$ sei definiert durch $Tx(x') := \langle x',x \rangle$, $x \in E$, $x' \in A$. Wegen der an A gestellten Bedingung kann T nicht der Aussage b) genügen. Also bildet T' beschränkte Mengen aus $B(A)'$ auf relativ $\sigma(E',F)$-kompakte Mengen ab. Insbesondere trifft dies zu auf die Menge $M := \{\delta_{x'} : x' \in A\}$, wo $\delta_{x'} : B(A) \to \mathbb{R}$ definiert ist durch $\langle \delta_{x'},f \rangle := f(x')$, $f \in B(A)$, $x' \in A$. Wegen $T'M = A$ ergibt sich dann die Behauptung. $\square$

Für das (V_0)-Ideal I_E vereinfacht sich die Aussage (ii) von Theorem 6.7 in der folgenden Weise (vgl. [21, Thm. 2.1]):

6.8 Korollar. Sei T ein Operator von einem Banachverband E in einen Banachraum X und T' bilde die Einheitskugel von X' ab auf eine nicht relativ $\sigma(E',I_E)$-kompakte Menge. Dann existiert ein $x \in E_+$ und ein zu c_0 verbandsisomorpher, abgeschlossener Untervektorverband G in E_x derart, daß die Einschränkung von $T \circ i_x : E_x \to X$ auf G ein Isomorphismus ist, das heißt die Abbildung $T \circ i_x$ ist nicht schwach kompakt.

Ist G ein abgeschlossener, zu c_0 verbandsisomorpher Untervektorverband eines Banachverbandes E, so ist die Einheitskugel von G stets E''-majorisiert. Damit erhalten wir aus Theorem 6.7 die nachstehende Charakterisierung der Eigenschaft (V_0) (vgl. 3.1 und 3.4). Diese liefert eine Erweiterung und Verschärfung von A. PEŁCZYŃSKIs Charakterisierung schwach kompakter Operatoren, definiert auf Räumen $C(K)$, K kompakt, ([48, Thm. 1]), auf die in Satz 6.6 angegebenen Klassen von Banachverbänden.

6.9 Korollar. Für einen Banachverband E sind die folgenden Aussagen äquivalent:
(i) E besitzt die Eigenschaft (V_0).
(ii) Zu jedem nicht schwach kompakten Operator T von E in einen Banachraum X existiert ein abgeschlossener, zu c_0 verbandsisomorpher Untervektorverband G derart, daß $T_{|G}$ ein Isomorphismus von G in X ist.

Daß die Aussagen (i) und (ii) von Theorem 6.7 für beliebige punktetrennende Ideale in E'' im allgemeinen nicht mehr gleichwertig sind, zeigt das nachstehende Beispiel.

Beispiel. 1. Es seien $E = c_0$ und $F \subseteq E''$ das Ideal der finiten Folgen. Dann gilt für jeden Operator T von E in einen Banachraum X die Aussage (ii) a) von Theorem 6.7. F ist aber kein (V_0)-Ideal. Dies sieht man wie folgt: Jede absolutkonvexe, $\sigma(E',F)$-kompakte Menge in E' ist bereits $\sigma(E',E)$-kompakt, insbesondere also normbeschränkt. Weiter besitzt jede F-majorisierte, orthogonale Folge in E_+ nur endlich viele von Null verschiedene Folgenglieder. Es sei nun $A \subset E'$ eine absolutkonvexe, $\sigma(E',F)$-beschränkte Menge, die aber nicht normbeschränkt ist. Für jede F-majorisierte, orthogonale Folge $(x_n)_{n \in \mathbb{N}}$ in E_+ gilt dann $\lim_n p_A(x_n) = 0$, die Menge A kann aber nicht relativ $\sigma(E',F)$-kompakt sein. Daher ist F kein (V_0)-Ideal.

§7. Strukturtheoretische Charakterisierungen der Grothendieck-Eigenschaft und ähnlicher Eigenschaften für Banachverbände

Ist E ein Banachverband und F ein E enthaltendes Ideal in E'', so können wir mit Hilfe von Theorem 6.7 das Zusammenfallen der $\sigma(E',E)$- und der $\sigma(E',F)$-Konvergenz von Folgen strukturtheoretisch beschreiben. Diese Beschreibung ist ähnlich zu der in Korollar 3.8 vorgestellten Charakterisierung von Grothendieck-Räumen.

7.1 Theorem. Es seien E ein Banachverband und F ein Ideal in E'' mit $E \subseteq F$. Man betrachte die folgenden Aussagen:
 (i) Jede $\sigma(E',E)$-konvergente Folge ist $\sigma(E',F)$-konvergent.
(ii) F ist ein (V_0)-Ideal und E enthält keinen komplementierbaren, zu c_0 verbandsisomorphen Untervektorverband G mit F-majorisierter Einheitskugel.
Dann gilt die Implikation (ii) $\Rightarrow$ (i). Ist zusätzlich $F \subseteq E'^n$, so gilt auch (i) $\Rightarrow$ (ii). Falls E' ordnungsseparabel ist (siehe S. 11), sind die Aussagen (i) und (ii) stets äquivalent.

Beweis. (ii) $\Rightarrow$ (i): Angenommen, es existiert eine $\sigma(E',E)$-Nullfolge $(x_n')_{n \in \mathbb{N}}$ in E', die keine $\sigma(E',F)$-konvergente Teilfolge besitzt. Die Menge $A := \{x_n' : n \in \mathbb{N}\}$ kann dann nicht relativ $\sigma(E',F)$-kompakt sein (5.6). Definiere nun $T \in L(E, c_0)$ durch $Tx := (\langle x_n', x \rangle)_{n \in \mathbb{N}}$, $x \in E$. Das Bild der Einheitskugel von l_1 unter T' enthält die Menge A und ist daher nicht relativ $\sigma(E',F)$-kompakt. Nach Theorem 6.7 existiert in E ein abgeschlossener Untervektorverband G, verbandsisomorph zu c_0 und mit F-majorisierter Einheitskugel, derart, daß $T_{|G}$ ein Isomorphismus von G in c_0 ist. Wie im Beweisteil (ii) $\Rightarrow$ (i) von Satz 3.2 ergibt sich, daß G komplementierbar ist in E. Dies widerspricht unserer Voraussetzung.

(i) $\Rightarrow$ (ii): Ist $F \subseteq E''^n$, so folgt wegen (i) und Bemerkung 4 von § 6, daß F ein (V_0)-Ideal ist. Wir nehmen nun an, in E existiert ein komplementierbarer, zu c_0 verbandsisomorpher Untervektorverband G mit F-majorisierter Einheitskugel. Also existieren $P \in L(E, G)$ mit $P_{|G} = Id$ und ein Verbandsisomorphismus T von G auf c_0. Ist e_n der n-te kanonische Einheitsvektor in l_1, so ist $(T'e_n \circ P'')_{n \in \mathbb{N}}$ eine $\sigma(E', E)$-Nullfolge. Bezeichnen wir mit f_n den n-ten kanonischen Einheitsvektor in c_0, so ist $(T^{-1}f_n)_{n \in \mathbb{N}}$ eine F-majorisierte, orthogonale Folge in E_+. Wir setzen $x := \sup_n T^{-1}f_n \in F_+$. Dann gilt wegen $T'e_n \circ P'' \in E''^n$ für jedes $n \in \mathbb{N}$ die Beziehung:

$$\langle T'e_n \circ P'', x \rangle = \lim_m \langle T'e_n \circ P'', \sup_{1 \leq k \leq m} T^{-1}f_k \rangle$$

$$= \lim_m \sum_{1 \leq k \leq m} \langle T'e_n, T^{-1}f_k \rangle$$

$$= \lim_m \sum_{1 \leq k \leq m} \langle e_n, f_k \rangle = 1 \, .$$

Folglich ist $(T'e_n \circ P'')_{n \in \mathbb{N}}$ keine $\sigma(E', F)$-Nullfolge. Dies steht im Widerspruch zu unserer Voraussetzung.

Ist E' ordnungsseparabel, so gilt $E''^n = E'^s$. Da aus (i) immer $F \subseteq E'^s$ folgt, gilt sogar $F \subseteq E''^n$. Daher sind in dieser Situation die Aussagen (i) und (ii) stets äquivalent. $\square$

Bemerkungen. 1. Ist E ein Banachverband mit der reziproken DPE (Appendix C.) oder besitzt E_+ einen quasi-inneren Punkt, so ist E' ordnungsseparabel ([56, II.5.10 Cor.1], [1, Thm.2.6]). Unter diesen Bedingungen an E sind also die Aussagen (i) und (ii) von Theorem 7.1 stets äquivalent.

2. Für Ideale F in E'', welche E nicht enthalten, sind die Aussagen (i) und (ii) von Theorem 7.1 im allgemeinen nicht äquivalent, selbst wenn $F \subseteq E''^n$ ist. Der Folgenraum $E = c_0$ und das Ideal F der finiten Folgen liefert hierzu ein Beispiel (siehe Beispiel 1 in § 6).

Für jeden Banachverband E mit der Grothendieck-Eigenschaft ist $E'' = E''^n$ (1.5 und C.2). Weiter besitzt jeder abgeschlossene, zu c_0 verbandsisomorphe Untervektorverband eines Banachverbandes E eine E''-majorisierte Einheitskugel. Damit erhalten wir aus Theorem 7.1 die nachstehende Charakterisierung von Banachverbänden mit der Grothendieck-Eigenschaft (vgl. [45, Thm.2.7]).

7.2 Korollar. Für einen Banachverband E sind die folgenden Aussagen äquivalent:
(i) E ist ein Grothendieck-Raum.
(ii) E besitzt die Eigenschaft (V_0) und E enthält keinen komplementierbaren, zu c_0 verbandsisomorphen Untervektorverband G.

Bemerkung. 3. Für alle Banachverbände mit der Eigenschaft (V_0) ist demzufolge die Grothendieck-Eigenschaft äquivalent zur Nicht-Existenz komplementierbarer, zu c_0 verbandsisomorpher Untervektorverbände. Insbesondere trifft dies zu auf die Klasse der *AM*-Räume (siehe Satz 6.6).

Wir wollen uns nun einer, im Vergleich zur Grothendieck-Eigenschaft, schwächeren Eigenschaft zuwenden. Genauer interessieren wir uns für

(pG) das Zusammenfallen positiver $\sigma(E',E)$- und $\sigma(E',F)$-Nullfolgen, wo F ein Ideal in E'' ist mit $E \subseteq F$.

Wir sagen, ein Banachverband E besitzt die *Eigenschaft* (pG), falls (pG) gilt für $F = E''$. Dies ist zum Beispiel der Fall für jeden *AM*-Raum mit Einheit. Aus der Eigenschaft (pG) folgt daher im allgemeinen nicht die Grothendieck-Eigenschaft. Strukturtheoretisch läßt sich die Eigenschaft (pG) ähnlich zur Grothendieck-Eigenschaft beschreiben (vgl. Theorem 7.1 und Korollar 7.2):

7.3 Satz. Es seien E ein Banachverband und F ein Ideal in E'' mit $E \subseteq F$. Wir betrachten die nachstehenden Aussagen:
 (i) Jede positive $\sigma(E',E)$-Nullfolge in E' ist eine $\sigma(E',F)$-Nullfolge.
 (ii) F ist ein (V_0)-Ideal und E enthält keinen positiv projizierbaren Untervektorverband G, verbandsisomorph zu c_0 und mit F-majorisierter Einheitskugel.
Dann gilt die Implikation (ii) $\Rightarrow$ (i). Ist zusätzlich $F \subseteq E'^n$, so gilt auch (i) $\Rightarrow$ (ii). Falls E' ordnungsseparabel ist (siehe S. 11), sind die Aussagen (i) und (ii) stets äquivalent.

Beweis. (ii) $\Rightarrow$ (i): Angenommen, in E' existiert eine positive $\sigma(E',E)$-Nullfolge $(x_n')_{n \in \mathbb{N}}$, die keine $\sigma(E',F)$-konvergente Teilfolge enthält. Dann ist die Menge $A := \{x_n' : n \in \mathbb{N}\}$ nicht relativ $\sigma(E',F)$-kompakt (5.6). Da F ein (V_0)-Ideal ist, existiert eine orthogonale, F-majorisierte Folge $(x_n)_{n \in \mathbb{N}}$ in E_+ mit $\inf_k \langle x_{n_k}', x_k \rangle > 0$ für eine passende Teilfolge $(x_{n_k}')_{k \in \mathbb{N}}$ von $(x_n')_{n \in \mathbb{N}}$. Ohne Einschränkung gelte $\inf_n \langle x_n', x_n \rangle > 0$ und es sei $(x_n)_{n \in \mathbb{N}}$ äquivalent zur kanonischen c_0-Basis (A.1).

Sei nun P_n die Bandprojektion von E' auf das Band strikter Positivität von x_n. Wir setzen $y_n' := P_n x_n'$. Wegen $0 \leq y_n' \leq x_n'$ ist $(y_n')_{n \in \mathbb{N}}$ ebenfalls eine $\sigma(E',E)$-Nullfolge und sogar orthogonal (siehe (2) auf S. 25). $T : E \to c_0 : x \to (\langle y_n', x \rangle)_{n \in \mathbb{N}}$ ist ein positiver Operator. Bezeichnet e_n den n-ten kanonischen Einheitsvektor in c_0, so gilt $Tx_n = \langle x_n', x_n \rangle e_n$. Da $(x_n)_{n \in \mathbb{N}}$ äquivalent ist zur kanonischen c_0-Basis, folgt wegen $\inf_n \langle x_n', x_n \rangle > 0$, daß T surjektiv ist und für $G := \overline{\mathrm{lin}}\{x_n : n \in \mathbb{N}\}$ der Operator $T_{|G}$ ein Ordnungsisomorphismus von G auf $TG = TE = c_0$ ist. Bezeichnet nun i die kanonische Einbettung von G in E, so ist durch $i \circ (T_{|G})^{-1} \circ T$ eine positive Projektion von E auf G gegeben. Dies steht im Widerspruch zu unserer Voraussetzung, der Aussage (ii).

Die übrigen Behauptungen werden wie die entsprechenden Behauptungen aus Theorem 7.1 bewiesen. $\square$

Das Beispiel aus Bemerkung 2 zeigt, daß auch in 7.3 auf die Voraussetzung $E \subseteq F$ im allgemeinen nicht verzichtet werden kann. Weiter gilt wie bei Theorem

7.1, daß für einen Banachverband E, welcher die reziproke DPE besitzt oder für den E_+ einen quasi-inneren Punkt enthält, die Aussagen (i) und (ii) von Satz 7.3 stets äquivalent sind (vgl. Bemerkung 1).

Für den Fall, daß E_+ einen quasi-inneren Punkt besitzt, können diejenigen Ideale F in E'', für welche positive $\sigma(E',E)$-Nullfolgen stets $\sigma(E',F)$-Nullfolgen sind, eine gewisse Größe nicht überschreiten. Diese Beobachtung geht im wesentlichen zurück auf ein Resultat von B. KÜHN ([33, Prop. 3]). I_E bezeichne das von einem Banachverband E in E'' erzeugte Ideal.

7.4 Satz. Sei E ein Banachverband mit quasi-innerem Punkt $z \in E_+$. Weiter sei F ein punktetrennendes Ideal in E''. Die folgenden Aussagen sind äquivalent:
(i) $F \subseteq \overline{I_E}$.
(ii) Jede positive $\sigma(E',E)$-Nullfolge ist eine $\sigma(E',F)$-Nullfolge.

Beweis. (i) $\Rightarrow$ (ii): Jede positive $\sigma(E',E)$-Nullfolge ist eine $\sigma(E',I_E)$-Nullfolge und daher eine $\sigma(E',F)$-Nullfolge.

(ii) $\Rightarrow$ (i): Sei $x \in F_+$. Um $x \in \overline{I_E}$ nachzuweisen, genügt es nach dem Vollständigkeitskriterium von GROTHENDIECK ([54, IV.6.2]), zu zeigen, daß x auf jeder normbeschränkten Teilmenge von E' stetig ist für die Topologie $o(E', \overline{I_E})$ (hierbei ist die Gleichheit $(E', o(E', \overline{I_E}))' = \overline{I_E}$ zu beachten ((4) auf S. 25). Wir nehmen nun an, daß ein normbeschränktes $o(E', \overline{I_E})$-Nullnetz $(x'_\alpha)_{\alpha \in \mathscr{A}}$ in E' existiert, für welches das Netz $(\langle x'_\alpha, x \rangle)_{\alpha \in \mathscr{A}}$ nicht gegen Null konvergiert. Ohne Einschränkung können wir $0 \leq x'_\alpha$ annehmen für alle $\alpha \in \mathscr{A}$. Es existieren dann $\varepsilon > 0$ und eine streng monoton wachsende Folge $(\alpha_n)_{n \in \mathbb{N}}$ in $\mathscr{A}$, so daß gilt:

(1) $\lim_n \langle x'_{\alpha_n}, z \rangle = 0$.
(2) $\langle x'_{\alpha_n}, x \rangle > \varepsilon$ für jedes $n \in \mathbb{N}$.

Aus (1) folgt wegen der Positivität und der Normbeschränktheit des Netzes $(x'_\alpha)_{\alpha \in \mathscr{A}}$, daß $(x'_{\alpha_n})_{n \in \mathbb{N}}$ eine $\sigma(E', \overline{I_E})$-Nullfolge ist. Nach Voraussetzung ist $(x'_{\alpha_n})_{n \in \mathbb{N}}$ dann auch eine $\sigma(E',F)$-Nullfolge. Dies widerspricht (2). Damit ist $F_+ \subseteq \overline{I_E}$ gezeigt, woraus wiederum sofort die Beziehung $F \subseteq \overline{I_E}$ folgt. $\square$

Unter Verwendung der Sätze 7.3 und 7.4 sowie einiger Überlegungen aus § 2 erhalten wir die nachstehende Charakterisierung der Eigenschaft (pG):

7.5 Satz. Für einen Banachverband E sind die folgenden Aussagen äquivalent:
(i) Jede positive $\sigma(E',E)$-Nullfolge ist $\sigma(E',E'')$-konvergent.
(ii) E besitzt die Eigenschaft (V_0) und E enthält keinen positiv projizierbaren Untervektorverband G, verbandsisomorph zu c_0.
(iii) Es gibt keine positive Surjektion von E auf c_0.

Besitzt darüber hinaus E_+ einen quasi-inneren Punkt z, so sind (i), (ii) und (iii) äquivalent zu

(iv) z ist quasi-innerer Punkt von $(E'')_+$.

Beweis. Ist E ein Banachverband und fallen in E' die positiven $\sigma(E',E)$- und $\sigma(E',E'')$-Nullfolgen zusammen, so besitzt E' ordnungsstetige Norm. Denn ist $(x'_n)_{n\in\mathbb{N}}$ eine monoton fallende Folge in $(E')_+$ mit Infimum Null, so ist $(x'_n)_{n\in\mathbb{N}}$ eine $\sigma(E',E'')$-Nullfolge und nach dem Satz von DINI-SCHAEFER ([56, II.5.9 Cor.]) sogar eine Normnullfolge. Somit gilt $E'' = E'^n$ (C.2). Mit Satz 7.3 ergibt sich dann die Implikation (i) $\Rightarrow$ (ii).

(ii) $\Rightarrow$ (iii): Angenommen, $T\in L(E,c_0)$ ist positiv und surjektiv. Bezeichnet e_n den n-ten kanonischen Einheitsvektor in l_1, so ist $(T'e_n)_{n\in\mathbb{N}}$ eine $\sigma(E',E)$-Nullfolge, die keine $\sigma(E',E'')$-konvergente Teilfolge enthält. Wie im Beweis der Implikation (ii) $\Rightarrow$ (i) von Satz 7.3 kann man dann zeigen, daß E einen positiv projizierbaren, zu c_0 verbandsisomorphen Untervektorverband G enthält.

(iii) $\Rightarrow$ (i): Bekanntlich existiert eine Surjektion von l_1 nach c_0 ([3, S. 114, Thm. 1]). Eine Modifikation bei der Konstruktion dieser Abbildung liefert sogar eine positive Surjektion. Da jeder zu l_1 verbandsisomorphe, abgeschlossene Untervektorverband eines Banachverbandes positiv projizierbar ist ([40, Kor. 15]), folgt, daß E keinen solchen Untervektorverband besitzen kann. Nach C.1 und C.2 ist dann E' schwach folgenvollständig. Analog zum Beweis der Implikation (ii) $\Rightarrow$ (i) von Theorem 2.2 kann man dann zeigen, daß in E' positive $\sigma(E',E)$-Nullfolgen stets $\sigma(E',E'')$-konvergent sind.

Ist z ein quasi-innerer Punkt von E_+, so ergibt sich die Äquivalenz der Aussagen (i) und (iv) sofort aus Satz 7.4. $\square$

Bemerkung 4. Aus Satz 7.5 folgt: Ist E ein Banachverband mit der Grothendieck-Eigenschaft und ist z ein quasi-innerer Punkt von E_+, so ist z auch quasi-innerer Punkt von $(E'')_+$.

Wie schon erwähnt (S. 36) impliziert das Zusammenfallen positiver $\sigma(E',E)$- und $\sigma(E',E'')$-Nullfolgen nicht die Grothendieck-Eigenschaft. Wir wollen nun eine Bedingung angeben, welche diesen Schluß erlaubt.

7.6 Satz. Es seien E ein Banachverband und F ein punktetrennendes Ideal in E''. Es bezeichne $A \subseteq E_+$ eine Menge, für welche das von A in E erzeugte Ideal $I(A)$ dicht ist in E. Weiter besitze für jedes $x\in A$ der AM-Raum E_x die Grothendieck-Eigenschaft. Dann ist jede $\sigma(E',E)$-Nullfolge eine $\sigma(E',I_E)$-Nullfolge. Betrachten wir nun die folgenden Aussagen:
 (i) Jede $\sigma(E',E)$-konvergente Folge ist $\sigma(E',F)$-konvergent.
 (ii) Jede positive $\sigma(E',E)$-Nullfolge ist $\sigma(E',F)$-konvergent.
(iii) Jede (positive) orthogonale $\sigma(E',E)$-Nullfolge ist $\sigma(E',F)$-konvergent.
Dann gelten die Implikationen (i) $\Rightarrow$ (ii) $\Rightarrow$ (iii). Ist zusätzlich $F \subseteq E'^n$, so sind die Aussagen (i), (ii) und (iii) äquivalent.

Beweis. Wir zeigen zunächst, daß jede $\sigma(E',E)$-Nullfolge eine $\sigma(E',I_E)$-Nullfolge ist. Angenommen, dies ist nicht der Fall. Dann existiert in E' eine $\sigma(E',E)$-Nullfolge $(x'_n)_{n\in\mathbb{N}}$, die keine $\sigma(E',I_E)$-konvergente Teilfolge enthält. Da I_E ein

(V_0)-Ideal ist (§ 6, Bem. 2), kann ohne Einschränkung die Existenz einer normierten, ordnungsbeschränkten, orthogonalen Folge $(x_n)_{n \in \mathbb{N}}$ in E_+ gefordert werden mit $2\alpha := \inf_n |\langle x_n', x_n \rangle| > 0$. Sei $x \in E_+$ eine Majorante der Folge $(x_n)_{n \in \mathbb{N}}$. Da $I(A)$ dicht ist in E, existieren $\lambda > 0$ und Elemente $z_k \in A$, $1 \le k \le m$, $m \in \mathbb{N}$, mit $\|x - \inf(x,z)\| < \alpha(\sup_n \|x_n'\|)^{-1}$, wobei $z := \lambda \sum_{1 \le k \le m} z_k$ ist. Setze nun $y_n := \inf(x_n, z)$, $n \in \mathbb{N}$. Für jedes $n \in \mathbb{N}$ gilt dann

$$
\begin{aligned}
|\langle x_n', y_n \rangle| &\geqq |\langle x_n', x_n \rangle| - |\langle x_n', x_n - y_n \rangle| \\
&\geqq 2\alpha - \langle |x_n'|, x_n - y_n \rangle = 2\alpha - \langle |x_n'|, (x_n - z)_+ \rangle \\
&\geqq 2\alpha - \langle |x_n'|, (x - z)_+ \rangle \\
&= 2\alpha - \langle |x_n'|, x - \inf(x,z) \rangle \geqq 2\alpha - \alpha = \alpha .
\end{aligned}
$$

Da E_z stetiges, lineares Bild von $l_\infty^m(E_{z_k})$ ist, besitzt E_z die Grothendieck-Eigenschaft (1.6 und 1.7). Bezeichnet i_z die kanonische Injektion von E_z in E, so ist $(i_z' x_n')_{n \in \mathbb{N}}$ eine $\sigma((E_z)', (E_z)'')$-Nullfolge. Andererseits ist $(y_n)_{n \in \mathbb{N}}$ eine orthogonale, ordnungsbeschränkte Folge in $(E_z)_+$ und es gilt $|\langle i_z' x_n', y_n \rangle| \geqq \alpha > 0$ für jedes $n \in \mathbb{N}$. Dies ist nach Theorem 5.1 nicht möglich.

Wir zeigen nun die Implikationen (i) $\Rightarrow$ (ii) $\Rightarrow$ (iii). Bei (i) $\Rightarrow$ (ii) ist nichts zu zeigen.

(ii) $\Rightarrow$ (iii): Sei $(x_n')_{n \in \mathbb{N}}$ eine orthogonale $\sigma(E', E)$-Nullfolge in E'. Nach dem eben Bewiesenen ist $(x_n')_{n \in \mathbb{N}}$ eine $\sigma(E', I_E)$-Nullfolge und die Menge $A := \{x_n' : n \in \mathbb{N}\}$ relativ $\sigma(E', I_E)$-kompakt. Mit Theorem 5.1 folgt, daß $((x_n')_+)_{n \in \mathbb{N}}$ und $((x_n')_-)_{n \in \mathbb{N}}$ positive $\sigma(E', E)$-Nullfolgen sind. Die Behauptung ergibt sich dann sofort aus (ii).

Ist schließlich $F \subseteq E'^n$, so folgt die Implikation (iii) $\Rightarrow$ (i) unmittelbar aus der ersten Behauptung des Satzes und Korollar 5.5 (ii). $\square$

7.7 Korollar. Sei E ein Banachverband. Es existiere eine Menge $A \subseteq E_+$, so daß das von A in E erzeugte Ideal dicht ist in E. Weiter besitze E_x für jedes $x \in A$ die Grothendieck-Eigenschaft. Dann sind die folgenden Aussagen äquivalent:
(i) E ist ein Grothendieck-Raum.
(ii) Jede positive $\sigma(E', E)$-Nullfolge ist $\sigma(E', E'')$-konvergent.

Es bleibt anzumerken, daß für jeden σ-ordnungsvollständigen Banachverband E die Menge $A = E_+$ die Voraussetzungen von 7.6 und 7.7 erfüllt (siehe Bemerkung 4 in § 8). In § 8 werden wir weitere Bedingungen an die Ordnung eines Banachverbandes E kennenlernen, welche garantieren, daß E_x für jedes $x \in E_+$ ein Grothendieck-Raum ist (siehe Theorem 8.1 und Bemerkung 4 in § 8).

Sei E ein Banachraum. Wir sagen, E besitzt die *Rosenthal-Eigenschaft*, wenn zu jedem nicht schwach kompakten Operator T von E in einen Banachraum X ein zu l_∞ isomorpher Teilraum G in E existiert derart, daß $T_{|G}$ ein Isomorphismus ist.

Diese Eigenschaft wurde von H. P. ROSENTHAL in [49, Thm. 3.7] für σ-ordnungsvollständige AM-Räume mit Einheit nachgewiesen und unter Annahme der Kontinuumshypothese für AM-Räume mit Einheit, welche die Interpolationseigenschaft (I) (siehe § 8) besitzen ([49, S. 33, Remark 2]). Aus 1.8 folgt sofort, daß jeder Banachraum mit der Rosenthal-Eigenschaft ein Grothendieck-Raum ist. Der umgekehrte Schluß ist im allgemeinen nicht richtig, nicht einmal bei Banachverbänden ([28, Thm. 1F]). Wann dies jedoch möglich ist, zeigt der nachstehende Satz (vgl. [21, Cor. 2.6]):

7.8 Satz. Sei E ein Banachraum. Es existiere ein Banachverband F mit der reziproken DPE (Appendix C.) und ein Operator $Q \in L(F, E)$ mit $\overline{QF} = E$. Weiter existiere eine Menge $A \subseteq F_+$, so daß das von A in F erzeugte Ideal $I(A)$ dicht ist in F und F_x für jedes $x \in A$ die Rosenthal-Eigenschaft besitzt. Dann sind die folgenden Aussagen äquivalent:

 (i) E ist ein Grothendieck-Raum.

(ii) E besitzt die Rosenthal-Eigenschaft.

Insbesondere sind also für jeden Quotient eines σ-ordnungsvollständigen Banachverbandes Grothendieck- und Rosenthal-Eigenschaft äquivalent.

Beweis. (i) $\Rightarrow$ (ii): Sei T ein nicht schwach kompakter Operator von E in einen Banachraum X. Also bildet T' die Einheitskugel U^0 von X' auf eine nicht $\sigma(E', E)$-folgenkompakte Menge ab (E ist Grothendieck-Raum!). Dann ist $(Q' \circ T')(U^0)$ nicht $\sigma(F', F)$-folgenkompakt und wegen Bemerkung 1.(d) in § 5 nicht relativ $\sigma(F', I_F)$-kompakt. Da I_F ein (V_0)-Ideal ist (§ 6, Bem. 2) und $\overline{I(A)} = F$ gilt, existiert eine durch $x \in I(A)_+$ majorisierte, orthogonale Folge $(x_n)_{n \in \mathbb{N}}$ in F_+ mit $\inf_n \|(T \circ Q)x_n\| > 0$. Aus Theorem 5.1 folgt, daß das Bild der Einheitskugel von X' unter $(T \circ Q \circ i_x)'$ nicht relativ $\sigma((F_x)', (F_x)'')$-kompakt sein kann. Der Operator $T \circ Q \circ i_x \colon F_x \to X$ ist also nicht schwach kompakt. Ohne Einschränkung sei $x = \sum_{1 \leq k \leq m} y_k$ mit $y_k \in A$, $1 \leq k \leq m$. Jeder der Räume F_{y_k} besitzt die Rosenthal-Eigenschaft. Eine einfache Rechnung zeigt, daß dann auch $l_\infty^m(F_{y_k})$ die Rosenthal-Eigenschaft besitzt. Ebenso leicht folgt, daß F_x als stetiges, lineares Bild von $l_\infty^m(F_{y_k})$ die Rosenthal-Eigenschaft besitzt. Somit existiert in F_x ein zu l_∞ isomorpher Teilraum G_1 derart, daß $T \circ Q \circ i_{x|G_1}$ ein Isomorphismus ist. $G := (Q \circ i_x)G_1 \subseteq E$ ist dann ebenfalls isomorph zu l_∞ und $T_{|G}$ ist ein Isomorphismus.

Die Implikation (ii) $\Rightarrow$ (i) ist nach den Vorbemerkungen zu 7.8 klar. Die letzte Behauptung ergibt sich aus der Implikation (i) $\Rightarrow$ (ii) und dem erwähnten Resultat von ROSENTHAL ([49, Thm. 3.7]), indem man $F = E$ und $A = E_+$ setzt. $\square$

§ 8. Hinreichende Bedingungen an die Ordnung eines Banachverbandes für die Gültigkeit von Grothendieck-Sätzen

Ist E ein σ-ordnungsvollständiger Banachverband, so ist nach [56, II.10.5] jede $\sigma(E',E)$-konvergente Folge schon $\sigma(E',I_E)$-konvergent (siehe auch Satz 7.6). Dabei bezeichnet I_E das von E in E'' erzeugte Ideal. Dieses Ergebnis wurde von P. G. DODDS ([15, Thm. 4.5]) verallgemeinert auf Banachverbände E, welche die *Interpolationseigenschaft* (I) besitzen, für die also gilt:

(I) Sind $(x_n)_{n \in \mathbb{N}}$ und $(y_n)_{n \in \mathbb{N}}$ Folgen in E_+ mit $x_n \leq x_{n+1} \leq y_{n+1} \leq y_n$ für alle $n \in \mathbb{N}$, so existiert ein $y \in E_+$ mit $x_n \leq y \leq y_n$ für alle $n \in \mathbb{N}$.

(Die eben angesprochenen Resultate wurden sogar bewiesen für σ-ordnungsvollständige Vektorverbände bzw. Archimedische Vektorverbände E, welche die Eigenschaft (I) besitzen und für welche die ordnungsbeschränkten Linearformen auf E die Punkte von E trennen.)

Wir wollen nun eine Verallgemeinerung der obigen Resultate beweisen, für den Fall, daß E ein Banachverband ist.

8.1 Theorem. Sei E ein Banachverband. D sei eine Teilmenge von E_+ mit den folgenden Eigenschaften:
(a) Ist P eine stetige Verbandshalbnorm auf E und ist $(x_n)_{n \in \mathbb{N}}$ eine ordnungsbeschränkte, orthogonale Folge in E_+ mit $\inf_n p(x_n) > 0$, so existiert eine durch $y \in D$ majorisierte, orthogonale Folge $(y_n)_{n \in \mathbb{N}}$ in D mit $\inf_n p(y_n) > 0$.
(b) Sind $x, y \in D$ orthogonal, so ist $\sup(x, y) \in D$, und sind $u, v \in D$ mit $u \leq v$, so ist auch $(v - nu)_+$ in D für jedes $n \in \mathbb{N}$.

Jede der nachstehenden Aussagen impliziert, daß $\sigma(E',E)$-konvergente Folgen stets $\sigma(E',I_E)$-konvergent sind:
(i) Jede durch ein $x \in D$ majorisierte, orthogonale Familie $(x_\alpha)_{\alpha \in \mathscr{A}}$ von Elementen aus D besitzt in D ein Supremum.
(ii) Jede durch ein $x \in D$ majorisierte, orthogonale Folge $(x_n)_{n \in \mathbb{N}}$ aus D besitzt in D ein Supremum.
(iii) Jede durch ein $x \in D$ majorisierte, orthogonale Folge $(x_n)_{n \in \mathbb{N}}$ aus D besitzt eine Teilfolge $(x_{n_k})_{k \in \mathbb{N}}$, für welche $\sup_k x_{n_k}$ in D existiert.
(iv) Sind $(x_n)_{n \in \mathbb{N}}$ und $(y_n)_{n \in \mathbb{N}}$ Folgen in D mit $x_n \leq x_{n+1} \leq y_{n+1} \leq y_n$ für alle $n \in \mathbb{N}$, so existiert ein Element $y \in D$ mit $x_n \leq y \leq y_n$ für jedes $n \in \mathbb{N}$.
(v) Ist $(x_n)_{n \in \mathbb{N}}$ eine orthogonale Folge in D und $(y_n)_{n \in \mathbb{N}}$ eine monoton fallende Folge in D mit $\sup_{1 \leq m \leq n} x_m \leq y_n$ für jedes $n \in \mathbb{N}$, so existieren eine Teilfolge $(x_{n_k})_{k \in \mathbb{N}}$ von $(x_n)_{n \in \mathbb{N}}$ und ein Element $y \in D$ mit $\sup_{1 \leq k \leq m} x_{n_k} \leq y \leq y_m$ für alle $m \in \mathbb{N}$.

Bemerkung. 1. Mit Bemerkung 2 von § 6 und Bemerkung 1.(a) von § 5 folgt, daß die Bedingung (a) des Theorems äquivalent ist zu der folgenden Aussage:

(a') Ist $A \subset E'$ beschränkt und nicht relativ $\sigma(E', I_E)$-kompakt, so existiert eine durch $y \in D$ majorisierte, orthogonale Folge $(y_n)_{n \in \mathbb{N}}$ in D mit $\inf_n p_A(x_n) > 0$.

Dem Beweis des Theorems schicken wir das folgende Lemma voraus:

8.2 Lemma. Sei E ein Banachverband. $D \subseteq E_+$ genüge den Bedingungen (b) und (v) von Theorem 8.1. Es seien $\varepsilon > 0$, $x' \in (E')_+$, $(x_n)_{n \in \mathbb{N}}$ eine durch $x \in D$ majorisierte, orthogonale Folge in D und M eine unendliche Teilmenge von $\mathbb{N}$. Dann existieren eine unendliche Menge $L \subseteq M$ und ein Element $x_L \in D$ mit $x_n \leqq x_L \leqq x$ für alle $n \in L$, $\inf(x_n, x_L) = 0$ für alle $n \in \mathbb{N} \backslash M$ und $\langle x', x_L \rangle < \varepsilon$.

Beweis von Theorem 8.1. Jede der Aussagen (i) – (iv) des Theorems impliziert die Aussage (v). Es genügt daher, die Behauptung bei Gültigkeit der Aussage (v) nachzuweisen. Angenommen, die Behauptung ist falsch. Mit Lemma 5.6, Bemerkung 2 von § 6 und Voraussetzung (a) (vgl. Bem. 1) folgt die Existenz von $\varepsilon > 0$, einer $\sigma(E', E)$-Nullfolge $(x_n')_{n \in \mathbb{N}}$ und einer durch $x \in D$ majorisierten, orthogonalen Folge $(x_n)_{n \in \mathbb{N}}$ in D mit $\langle x_n', x_n \rangle > 3\varepsilon$ für alle $n \in \mathbb{N}$. Durch Betrachten geeigneter Teilfolgen können wir ohne Einschränkung annehmen, daß für jedes $n \in \mathbb{N}$ die Beziehung

$$(1) \qquad \sum_{k \in \mathbb{N}, k \neq n} \langle |x_n'|, x_k \rangle < \varepsilon$$

gilt (siehe [58, Thm. 1]).

Setze $n_1 := 1$. Nach Lemma 8.2 existieren eine unendliche Menge $L_1 \subseteq \mathbb{N} \backslash \{n_1\}$ und $z_1 \in D$ mit $x_n \leqq z_1 \leqq x$ für alle $n \in L_1$, $\inf(x_{n_1}, z_1) = 0$ und $\langle |x_{n_1}'|, z_1 \rangle < \varepsilon$. Induktiv erhält man nun eine absteigende Folge $(L_k)_{k \in \mathbb{N}}$ unendlicher Mengen in $\mathbb{N}$, eine monoton fallende Folge $(z_k)_{k \in \mathbb{N}}$ in D und eine streng monoton wachsende Folge $(n_k)_{k \in \mathbb{N}}$ in $\mathbb{N}$, so daß für jedes $k \in \mathbb{N}$ gilt:

$$(2) \qquad n_k \in L_{k-1} \qquad (- \text{ dabei ist } L_0 := \mathbb{N})$$

$$(3) \qquad x_n \leqq z_k \text{ für alle } n \in L_k$$

$$(4) \qquad \inf(x_{n_k}, z_k) = 0$$

$$(5) \qquad \langle |x_{n_k}'|, z_k \rangle < \varepsilon .$$

Sind $L_1, \ldots, L_k$, $n_1, \ldots, n_k$ und $z_1, \ldots, z_k$ bereits konstruiert, so erhalten wir L_{k+1}, n_{k+1} und z_{k+1} wie folgt: Sei $n_k < n_{k+1} \in L_k$. Nach Lemma 8.2 existieren eine unendliche Menge $L_{k+1} \subset L_k \backslash \{n_{k+1}\}$ und $z_{k+1} \in D$ mit $x_n \leqq z_{k+1} \leqq z_k$ für alle $n \in L_{k+1}$, $\inf(x_{n_{k+1}}, z_{k+1}) = 0$ und $\langle |x_{n_{k+1}}'|, z_{k+1} \rangle < \varepsilon$.

Setze nun $y_m := \sup((\sup_{1 \leqq k \leqq m} x_{n_k}), z_m)$ für $m \in \mathbb{N}$. Wegen Voraussetzung (b) und (4) ist $y_m \in D$, und wegen (2), (3) und (4) ist die Folge $(y_m)_{m \in \mathbb{N}}$ monoton fallend. Offensichtlich gilt $\sup_{1 \leqq k \leqq m} x_{n_k} \leqq y_m$ für jedes $m \in \mathbb{N}$. Also existiert nach (v) eine unendliche Menge $M \subseteq \mathbb{N}$ und ein $y \in D$ mit $\sup_{1 \leqq k \leqq m, k \in M} x_{n_k} \leqq y \leqq y_m$ für alle $m \in M$. Ist nun $m \in M$, so gilt:

$$\begin{aligned}
|\langle x'_{n_m}, y\rangle| &\geqq |\langle x'_{n_m}, x_{n_m}\rangle| - \langle |x'_{n_m}|, y - x_{n_m}\rangle \\
&\geqq |\langle x'_{n_m}, x_{n_m}\rangle| - \langle |x'_{n_m}|, y_m - x_{n_m}\rangle \\
&\geqq |\langle x'_{n_m}, x_{n_m}\rangle| - \langle |x'_{n_m}|, \sup_{1 \leqq k < m} x_{n_k}\rangle - \langle |x'_{n_m}|, z_m\rangle \\
&\geqq |\langle x'_{n_m}, x_{n_m}\rangle| - \sum_{k \in \mathbb{N}, k \neq n_m} \langle |x'_{n_m}|, x_k\rangle - \langle |x'_{n_m}|, z_m\rangle \\
&> 3\varepsilon - \varepsilon - \varepsilon = \varepsilon .
\end{aligned}$$

Dies widerspricht der Tatsache, daß $(x'_n)_{n \in \mathbb{N}}$ eine $\sigma(E', E)$-Nullfolge ist.

Beweis von Lemma 8.2. Sei $(M_k)_{k \in \mathbb{N}}$ eine Zerlegung von M in paarweis disjunkte, unendliche Mengen. Induktiv erhält man eine Folge $(L_k)_{k \in \mathbb{N}}$ unendlicher Teilmengen von $\mathbb{N}$ und eine Folge $(z_k)_{k \in \mathbb{N}}$ in D, so daß für jedes $k \in \mathbb{N}$ gilt:

(1) $L_k \subseteq M_k$

(2) $x_n \leqq z_k \leqq x$ für alle $n \in L_k$

(3) $\inf(x_n, z_k) = 0$ für alle $n \in N_k := \bigcup_{m > k} M_m \cup (\mathbb{N} \setminus M)$

(4) $\inf(z_n, z_k) = 0$ für alle $n \in \mathbb{N}$ mit $n < k$.

Sei dazu $k \in \mathbb{N}$. $(y_n)_{n \in \mathbb{N}}$ sei eine Abzählung der Menge $\{x_n : n \in N_k\} \cup \{z_n : n < k\}$ (– dabei ist $\{z_n : n < 1\} := \emptyset$). Für $n, m \in \mathbb{N}$ mit $n \neq m$ gilt $\inf(y_n, y_m) = 0$. Weiter ist $\inf(x_m, y_n) = 0$ für jedes $m \in M_k$ und jedes $n \in \mathbb{N}$. Definiere $w_n := (x - n \cdot \sup_{1 \leqq m \leqq n} y_m)_+ \in D$, $n \in \mathbb{N}$. Für jedes $m \in M_k$ und jedes $n \in \mathbb{N}$ gilt dann $x_m \leqq w_{n+1} \leqq w_n \leqq x$. Wegen (v) existieren eine unendliche Menge $L_k \subseteq M_k$ und ein Element $z_k \in D$, so daß für alle $m \in L_k$ und alle $n \in \mathbb{N}$ gilt: $x_m \leqq z_k \leqq w_n$. Damit folgt $\inf(z_k, y_n) = 0$ für alle $n \in \mathbb{N}$ (– dies ist leicht einzusehen, wenn man das von x in E erzeugte Ideal mit einem Raum stetiger Funktionen identifiziert ([56, II.7.4])). Offensichtlich erfüllen dann L_k und z_k die Aussagen (1) – (4). $(z_k)_{k \in \mathbb{N}}$ als ordnungsbeschränkte, orthogonale Folge in E ist eine $\sigma(E, E')$-Nullfolge. Also existiert $k_0 \in \mathbb{N}$ mit $\langle x', z_{k_0}\rangle < \varepsilon$. Man setze nun $L := L_{k_0}$ und $x_L := z_{k_0}$. $\square$

Bemerkungen. 2. Der Beweis von Theorem 8.1 ist Beweisen analoger Aussagen für Boolesche Algebren nachempfunden (vgl. [18, Thm. 2.4] und [24, Thm. 4]). Diese Resultate sind als Spezialfälle in Theorem 8.1 enthalten. Genauer gilt der nachstehende Satz:

Satz. Sei $\mathscr{B}$ eine Boolesche Algebra, welche eine der Eigenschaften (i) – (v) von Theorem 8.1 besitzt (– setze formal D gleich $\mathscr{B}$). Bezeichnet $K_{\mathscr{B}}$ den Stoneschen Darstellungsraum von $\mathscr{B}$ ([56, II. Exerc. 1]), so ist $C(K_{\mathscr{B}})$ ein Grothendieck-Raum.

Beweis. Eine einfache Folgerung aus [56, II.9.8] zeigt, daß eine beschränkte Menge A von Maßen aus $C(K_{\mathscr{B}})'$ genau dann relativ schwach kompakt ist, wenn für jede Folge $(B_n)_{n \in \mathbb{N}}$ paarweise disjunkter, offen-abgeschlossener Mengen in $K_{\mathscr{B}}$ die Beziehung $\lim_n \sup_{\mu \in A} |\mu(B_n)| = 0$ gilt. Wir identifizieren $\mathscr{B}$ gemäß des Stoneschen Darstellungssatzes ([56, II. Exerc. 1]) mit der Booleschen Algebra der offen-abgeschlossenen Mengen in $K_{\mathscr{B}}$. Für $B \in \mathscr{B}$ bezeichne dann χ_B die charakteristische Funktion der Menge B. Setzen wir $D := \{\chi_B : B \in \mathscr{B}\} \subseteq C(K_{\mathscr{B}})_+$, so erfüllt D die Voraussetzungen (a) und (b) von Theorem 8.1. Genügt nun $\mathscr{B}$ und damit auch D einer der Aussagen (i) – (v) von Theorem 8.1, so folgt die Grothendieck-Eigenschaft für $C(K_{\mathscr{B}})$ (– man beachte, daß für einen AM-Raum E mit Einheit das von E in E'' erzeugte Ideal gleich E'' ist). $\Box$

Eine Boolesche Algebra $\mathscr{B}$, für welche $D := \{\chi_B : B \in \mathscr{B}\}$ der Bedingung (i), (ii) bzw. (iii) von Theorem 8.1 genügt, nennen wir im folgenden auch *ordnungsvollständig, σ-ordnungsvollständig* bzw. *σ^*-ordnungsvollständig*. Erfüllt D die Bedingung (iv) bzw. (v) von Theorem 8.1, so sagen wir, $\mathscr{B}$ besitzt die *Interpolationseigenschaft* (I) bzw. die *schwache Interpolationseigenschaft* (σI). Eine umfassende Untersuchung Boolescher Algebren $\mathscr{B}$, für welche $C(K_{\mathscr{B}})$ die Grothendieck-Eigenschaft besitzt, wurde von W. SCHACHERMAYER durchgeführt ([53]). Mehr über Boolesche Algebren, welche eine der Eigenschaften (i) bis (v) aus Theorem 8.1 besitzen, findet man zum Beispiel in [18], [23], [24], [26], [28], [44] und [57].

3. Ist E ein Banachverband und erfüllt $D = E_+$ eine der Aussagen (i) – (v) von Theorem 8.1, so ist jede $\sigma(E', E)$-konvergente Folge auch $\sigma(E', I_E)$-konvergent (vgl. [15, Thm. 4.5] und [56, II.10.5]).

4. Erfüllt der positive Kegel eines Banachverbandes E eine der Eigenschaften (i) – (v) von Theorem 8.1, so ist E_x für jedes $x \in E_+$ ein Grothendieck-Raum. Besitzt E darüber hinaus eine Ordnungseinheit, so ist E selbst ein Grothendieck-Raum.

5. Ist E ein Banachverband und erfüllt $D = E_+$ die Eigenschaft (i) bzw. (ii) von Theorem 8.1, so ist E schon ordnungsvollständig bzw. σ-ordnungsvollständig ([63, Thm. 5]). Genügt $D = E_+$ der Aussage (iii) bzw. (v) von Theorem 8.1, so sagen wir, E ist *σ^*-ordnungsvollständig* bzw. E besitzt die *schwache Interpolationseigenschaft* (σI).

Wir wollen nun zeigen, daß sogenannte $\mathscr{F}$-Produkte von Folgen von Banachverbänden stets die Interpolationseigenschaft (I) (siehe S. 41) besitzen. Dazu sind einige Vorbemerkungen und die Einführung einiger Bezeichnungen erforderlich:

Sei $(E_i)_{i \in I}$ eine unendliche Familie von Banachräumen. $\mathscr{F}$ sei ein Filter auf I, der feiner ist als der Filter $\mathscr{F}_0$ derjenigen Teilmengen J von I, für welche $I \setminus J$ eine endliche Menge ist. Den Filter $\mathscr{F}_0$ bezeichnen wir auch als *Fréchet-Filter*. $l_\infty^I(E_i)$ sei die Menge aller beschränkten Familien $(x_i)_{i \in I}$ mit $x_i \in E_i$ für jedes $i \in I$. $l_\infty^I(E_i)$, versehen mit der Norm $\|(x_i)_{i \in I}\| := \sup_i \|x_i\|$, ist ein Banachraum.

Es sei nun $c_0^{\mathscr{F}}(E_i) := \{(x_i)_{i \in I} \in l_\infty^I(E_i) : \lim_{\mathscr{F}} \|x_i\| = 0\}$. Den Banachraum $l_\infty^I(E_i)/c_0^{\mathscr{F}}(E_i)$ nennt man das *$\mathscr{F}$-Produkt* der Familie $(E_i)_{i \in I}$. Ist $E_i = E$ für alle $i \in I$, so schreibt man anstelle von $l_\infty^I(E_i)/c_0^{\mathscr{F}}(E_i)$ kurz $l_\infty^I(E)/c_0^{\mathscr{F}}(E)$. Entsprechendes gilt für $l_\infty^I(E_i)$ und $c_0^{\mathscr{F}}(E_i)$. Für $\mathscr{F} = \mathscr{F}_0$ schreiben wir statt $l_\infty^I(E_i)/c_0^{\mathscr{F}}(E_i)$ bzw. $c_0^{\mathscr{F}}(E_i)$ auch $l_\infty^I(E_i)/c_0^I(E_i)$ bzw. $c_0^I(E_i)$. Falls jeder der Räume E_i ein Banachverband ist, so wird $l_\infty^I(E_i)$ mit der kanonischen Ordnung ebenfalls ein Banachverband. In dieser Situation ist $c_0^{\mathscr{F}}(E_i)$ ein abgeschlossenes Ideal in $l_\infty^I(E_i)$. Nach

[56, II.5.4] ist dann auch $l_\infty^I(E_i)/c_0^{\mathcal{F}}(E_i)$ ein Banachverband. Es gilt nun der folgende Satz:

8.3 Satz. Sei $(E_n)_{n \in \mathbb{N}}$ eine Folge von Banachverbänden. $\mathcal{F}$ sei ein Filter auf $\mathbb{N}$, der feiner ist als der Fréchet-Filter $\mathcal{F}_0$. Dann besitzt $l_\infty^{\mathbb{N}}(E_n)/c_0^{\mathcal{F}}(E_n)$ die Interpolationseigenschaft (I).

Beweis. Es bezeichne q die kanonische Surjektion von $l_\infty^{\mathbb{N}}(E_n)$ auf $l_\infty^{\mathbb{N}}(E_n)/c_0^{\mathcal{F}}(E_n)$. Seien $(\hat{x}_m)_{m \in \mathbb{N}}$ und $(\hat{y}_m)_{m \in \mathbb{N}}$ Folgen in $l_\infty^{\mathbb{N}}(E_n)/c_0^{\mathcal{F}}(E_n)$ mit $\hat{x}_m \leq \hat{x}_{m+1} \leq \hat{y}_{m+1} \leq \hat{y}_m$ für jedes $m \in \mathbb{N}$. Dann existieren Folgen $(x_m)_{m \in \mathbb{N}}$ und $(y_m)_{m \in \mathbb{N}}$ von Elementen aus $l_\infty^{\mathbb{N}}(E_n)$, so daß

$$(1) \qquad x_m \leq x_{m+1} \leq y_{m+1} \leq y_m\,, \qquad q x_m = \hat{x}_m \quad \text{und} \quad q y_m = \hat{y}_m$$

ist für jedes $m \in \mathbb{N}$:

Seien $z_m, w_m \in l_\infty^{\mathbb{N}}(E_n)$ mit $z_m \leq w_m$, $q z_m = \hat{x}_m$ und $q w_m = \hat{y}_m$ für jedes $m \in \mathbb{N}$. Definiere x_m und y_m rekursiv wie folgt:

$$(2) \qquad x_1 := z_1\,, \qquad y_1 := w_1\,,$$

$$(3) \qquad x_m := \inf(\sup(x_{m-1}, z_m), y_{m-1}) \quad \text{und}$$

$$y_m := \sup(\inf(y_{m-1}, w_m), x_{m-1})\,.$$

Mit vollständiger Induktion weist man leicht nach, daß für jedes $m \in \mathbb{N}$ die folgenden Beziehungen gelten:

$$(4) \qquad x_m \leq y_m$$

$$(5) \qquad q x_m = \hat{x}_m \quad \text{und} \quad q y_m = \hat{y}_m\,.$$

Aus $(2) - (5)$ folgt dann (1).

Wir schreiben nun x_m als Folge $(\xi_{m,k})_{k \in \mathbb{N}}$. Definiere $(\zeta_n)_{n \in \mathbb{N}} = z \in l_\infty^{\mathbb{N}}(E_n)$ durch $\zeta_n := \xi_{n,n}$, $n \in \mathbb{N}$. Es ist dann $z \leq y_m$ und damit auch $q z \leq \hat{y}_m$ für jedes $m \in \mathbb{N}$. Weiter existiert für jedes $m \in \mathbb{N}$ ein Element $u_m \in c_0^{\mathcal{F}}(E_n)$ mit $u_m + x_m \leq z$. Damit folgt $\hat{x}_m \leq q z$ für alle $m \in \mathbb{N}$. Also gilt $\hat{x}_m \leq q z \leq \hat{y}_m$ für alle $m \in \mathbb{N}$, was zu zeigen war. $\square$

Das $\mathcal{F}$-Produkt einer Familie von AM-Räumen mit Einheit ist wieder ein AM-Raum mit Einheit. Aus Satz 8.3 und Bemerkung 4 erhalten wir dann:

8.4 Korollar. Ist $(E_n)_{n \in \mathbb{N}}$ eine Folge von AM-Räumen mit Einheit, so ist $l_\infty^{\mathbb{N}}(E_n)/c_0^{\mathcal{F}}(E_n)$ ein Grothendieck-Raum für jeden Filter $\mathcal{F}$ auf $\mathbb{N}$, der feiner ist als der Fréchet-Filter $\mathcal{F}_0$.

In Paragraph 11 werden wir uns ausführlicher mit der Grothendieck-Eigenschaft bei Räumen vom Typ $l_\infty^I(E_i)$ und $l_\infty^I(E_i)/c_0^{\mathcal{F}}(E_i)$ beschäftigen.

§9. *L*-schwach kompakte Mengen im Dual eines Banachverbandes

Ist E ein AM-Raum, so besitzt E nach Satz 6.6 die Eigenschaft (V_0). In E_+ fallen nun die normbeschränkten und die E''-majorisierten Folgen zusammen.

Also ist eine beschränkte Menge A in E' genau dann relativ $\sigma(E', E'')$-kompakt, wenn gilt:

(L) Jede normbeschränkte, orthogonale Folge $(x_n)_{n \in \mathbb{N}}$ aus E_+ konvergiert gleichmäßig auf A gegen Null, d. h. es ist $\lim_n p_A(x_n) = 0$.

Eine beschränkte Menge im Dual eines Banachverbandes E, welche der Bedingung (L) genügt, bezeichnen wir fortan als *L-schwach kompakte* Menge.

L-schwach kompakte Mengen wurden erstmals von P. MEYER-NIEBERG in [41] und [42] genauer untersucht. Von ihm stammen auch die beiden nachfolgenden Resultate ([41, Satz II.6 und Satz II.8]):

9.1 Satz. Jede L-schwach kompakte Menge im Dual eines Banachverbandes E ist relativ $\sigma(E', E'')$-kompakt.

9.2 Satz. Sei E ein Banachverband. Für eine beschränkte Teilmenge A von E' sind die folgenden Aussagen äquivalent:
 (i) A ist L-schwach kompakt.
 (ii) Jede orthogonale Folge in der soliden Hülle soA von A ist eine Nullfolge.

Satz 9.2 ergibt sich leicht aus Lemma 6.4, indem man $F = E''$ setzt und das Mengensystem $\mathscr{S}$ betrachtet, bestehend aus den skalaren Vielfachen der abgeschlossenen Einheitskugel von E''.

Wir wollen uns nun überlegen, welche Bedingungen dazu führen, daß im Dual eines Banachverbandes die relativ schwach kompakten und die L-schwach kompakten Mengen zusammenfallen. Hierfür erweist sich die Einführung der nachstehenden Bezeichnungsweise als nützlich:

9.3 Definition. Ein Banachverband E besitzt die *schwache Dunford-Pettis-Eigenschaft* (kurz: schwache DPE), falls jeder schwach kompakte Operator T von E in einen Banachraum X orthogonale, schwache Nullfolgen in Normnullfolgen abbildet.

Wir erinnern daran, daß ein Banachraum E die *Dunford-Pettis-Eigenschaft* (DPE) besitzt, wenn jeder schwach kompakte Operator T von E in einen Banachraum X schwache Nullfolgen in Normnullfolgen abbildet ([56, II.9.7]). Offensichtlich folgt für Banachverbände aus der DPE stets die schwache DPE. Ob es Banachverbände gibt, welche die schwache DPE, aber nicht die DPE besitzen, ist noch ungeklärt.

Ganz analog zur DPE (siehe [13, Thm. 1]) erhalten wir die nachstehende Charakterisierung der schwachen DPE.

9.4 Satz. Für einen Banachverband E sind die folgenden Aussagen äquivalent:
 (i) E besitzt die schwache DPE.
 (ii) Ist $(x_n)_{n \in \mathbb{N}}$ eine orthogonale $\sigma(E, E')$-Nullfolge in E und $(x_n')_{n \in \mathbb{N}}$ eine $\sigma(E', E'')$-Nullfolge in E', so gilt $\lim_n \langle x_n', x_n \rangle = 0$.

Beweis. (i) $\Rightarrow$ (ii): Sei $(x'_n)_{n \in \mathbb{N}}$ eine $\sigma(E', E'')$-Nullfolge in E'. Die Abbildung $T: E \to c_0: x \to (\langle x'_n, x \rangle)_{n \in \mathbb{N}}$ ist linear und stetig. $T'': E'' \to l_\infty$ ist gegeben durch $T'' x'' = (\langle x'_n, x'' \rangle)_{n \in \mathbb{N}}$, $x'' \in E''$. Damit folgt $T'' E'' \subseteq c_0$. Also ist T ein schwach kompakter Operator ([56, II.9.4]). Ist nun $(x_n)_{n \in \mathbb{N}}$ eine orthogonale $\sigma(E, E')$-Nullfolge in E, so gilt nach Voraussetzung $\lim_n \| T x_n \| = 0$. Insbesondere ist dann $\lim_n \langle x'_n, x_n \rangle = 0$.

(ii) $\Rightarrow$ (i): Angenommen, E besitzt nicht die schwache DPE. Dann existieren ein Banachraum X, ein schwach kompakter Operator $T \in L(E, X)$, $\varepsilon > 0$ und eine orthogonale $\sigma(E, E')$-Nullfolge $(x_n)_{n \in \mathbb{N}}$ in E mit $\| T x_n \| > \varepsilon$ für jedes $n \in \mathbb{N}$. Wähle $y'_n \in X'$ mit $\| y'_n \| = 1$ und $|\langle y'_n, T x_n \rangle| > \varepsilon$, $n \in \mathbb{N}$. Da T' schwach kompakt ist, können wir ohne Einschränkung annehmen, daß die Folge $(T' y'_n)_{n \in \mathbb{N}}$ schwach konvergiert ($-$ ansonsten betrachten wir geeignete Teilfolgen von $(x_n)_{n \in \mathbb{N}}$ und $(y'_n)_{n \in \mathbb{N}}$). $(T x_n)_{n \in \mathbb{N}}$ ist eine schwache Nullfolge. Daher existiert eine Teilfolge $(y'_{n_k})_{k \in \mathbb{N}}$ von $(y'_n)_{n \in \mathbb{N}}$ mit $|\langle y'_{n_{k+1}} - y'_{n_k}, T x_{n_{k+1}} \rangle| > \varepsilon$ für jedes $k \in \mathbb{N}$. Wir setzen $z_k := x_{n_{k+1}}$ und $z'_k := T'(y'_{n_{k+1}} - y'_{n_k})$, $k \in \mathbb{N}$. $(z_k)_{k \in \mathbb{N}}$ ist eine orthogonale schwache Nullfolge in E und $(z'_k)_{k \in \mathbb{N}}$ ist eine schwache Nullfolge in E'. Für jedes $k \in \mathbb{N}$ gilt $|\langle z'_k, z_k \rangle| > \varepsilon$. Dies widerspricht der Voraussetzung. $\square$

Wir sind nun in der Lage, Banachverbände zu charakterisieren, für welche im Dual L-schwach kompakte und relativ schwach kompakte Mengen zusammenfallen. Es zeigt sich, daß die reziproke DPE und die schwache DPE die dafür verantwortlichen Eigenschaften sind.

9.5 Theorem. Für einen Banachverband E sind die folgenden Aussagen äquivalent:
(i) Eine Teilmenge A von E' ist genau dann relativ $\sigma(E', E'')$-kompakt, wenn sie L-schwach kompakt ist.
(ii) E besitzt die reziproke und die schwache DPE.

Beweis. (i) $\Rightarrow$ (ii): Wenden wir die Voraussetzung auf einelementige Teilmengen von E' an, so folgt aus der Definition L-schwach kompakter Mengen, daß normbeschränkte orthogonale Folgen in E schwache Nullfolgen sind. Nach C.1 besitzt E dann die reziproke DPE.

Seien $(x_n)_{n \in \mathbb{N}}$ eine orthogonale $\sigma(E, E')$-Nullfolge und $(x'_n)_{n \in \mathbb{N}}$ eine $\sigma(E', E'')$-Nullfolge. Für $A := \{x'_n : n \in \mathbb{N}\}$ gilt nach Voraussetzung $\lim_n p_A(x_n) = 0$. Mit Satz 9.4 folgt dann, daß E die schwache DPE besitzt.

(ii) $\Rightarrow$ (i): Angenommen, in E' existiert eine relativ $\sigma(E', E'')$-kompakte Menge A, die nicht L-schwach kompakt ist. Da E die reziproke DPE besitzt, gilt $E'' = E'^n$ (C.2). Nach Bemerkung 1.(a) von § 5 können wir daher ohne Einschränkung A als solid voraussetzen. Es existieren nun $\varepsilon > 0$, eine normbeschränkte, orthogonale Folge $(x_n)_{n \in \mathbb{N}}$ in E_+ und eine Folge $(x'_n)_{n \in \mathbb{N}}$ in A mit $|\langle x'_n, x_n \rangle| > \varepsilon$ für alle $n \in \mathbb{N}$. P_n bezeichne die Bandprojektion von E' auf das zu x_n gehörige Band strikter Positivität (siehe S. 24). Wir setzen $y'_n := P_n |x'_n| \in A$. Die

Folge $(y_n')_{n\in\mathbb{N}}$ ist orthogonal und daher nach Theorem 5.1 eine schwache Nullfolge. Weiter ist $(x_n)_{n\in\mathbb{N}}$ eine schwache Nullfolge (C.1). Da E die schwache DPE besitzt, gilt dann $\lim_n \langle y_n', x_n \rangle = 0$ (Satz 9.4). Andererseits ist

$$\langle y_n', x_n \rangle = \langle |x_n'|, x_n \rangle \geqq |\langle x_n', x_n \rangle| > \varepsilon \quad \text{für jedes} \quad n \in \mathbb{N}\,.$$

Dies ist ein Widerspruch.

Da umgekehrt nach Satz 9.1 jede L-schwach kompakte Menge in E' relativ schwach kompakt ist, folgt die Behauptung. $\square$

Wir geben nun Beispiele von Banachverbänden an, welche die reziproke und die schwache DPE besitzen.

Beispiele. 1. Jeder *AM*-Raum besitzt die reziproke und die schwache DPE (siehe Bemerkung 3 in § 5, Satz 9.2 und Theorem 9.5). *AM*-Räume besitzen sogar die DPE ([56, II.9.9]).

2. Ist $(E_i)_{i\in I}$ eine Familie von Banachverbänden mit der reziproken und der schwachen DPE, so besitzt der Banachverband $c_0^I(E_i)$ (mit der kanonischen Ordnung und der Supremumsnorm) ebenfalls die reziproke und die schwache DPE:

Der Nachweis der schwachen DPE ist technisch und verläuft im wesentlichen so, wie der Beweis eines ähnlichen, von P. CEMBRANOS stammenden Resultats ([10, Teorema 1]), über die Vererbbarkeit der DPE von einem Banachraum E auf den Banachraum $c_0^{\mathbb{N}}(E)$. Die reziproke DPE für $c_0^I(E_i)$ ergibt sich mit C.2, da $(c_0^I(E_i))' = l_1^I(E_i')$ ordnungsstetige Norm besitzt.

Für $I = \mathbb{N}$ und $E_n := l_2^n$, $n \in \mathbb{N}$, ist dann $c_0^{\mathbb{N}}(E_n)$ ein Banachverband mit reziproker und schwacher DPE. $c_0^{\mathbb{N}}(E_n)$ ist aber nicht (topologisch) isomorph zu einem *AM*-Raum.

Auch der nachfolgende Satz liefert Beispiele für Banachverbände mit der reziproken und der schwachen DPE.

9.6 Satz. Sei E ein Banachverband. Jede normbeschränkte, orthogonale Folge in E_+ besitze eine in E'' ordnungsbeschränkte Teilfolge. Dann besitzt E die reziproke und die schwache DPE.

Beweis. Wegen Theorem 9.5 und Satz 9.1 genügt es zu zeigen, daß jede relativ $\sigma(E', E'')$-kompakte Menge $A \subset E'$ schon L-schwach kompakt ist. Sei also $A \subset E'$ relativ $\sigma(E', E'')$-kompakt. Nach Theorem 5.1 gilt $\lim_n p_A(x_n'') = 0$ für jede ordnungsbeschränkte, orthogonale Folge $(x_n'')_{n\in\mathbb{N}}$ in $(E'')_+$. Ist nun $(y_n)_{n\in\mathbb{N}}$ eine normbeschränkte, orthogonale Folge in E_+, so besitzt $(y_n)_{n\in\mathbb{N}}$ nach Voraussetzung eine in E'' ordnungsbeschränkte Teilfolge. Mit obiger Beobachtung folgt dann leicht, daß $\lim_n p_A(y_n) = 0$ gelten muß. Die Menge A ist also L-schwach kompakt. $\square$

Bemerkungen. 1. Die Voraussetzungen von Satz 9.6 lassen sich noch wie folgt abschwächen (siehe Lemma 10.1):

Sei E ein Banachverband. D sei eine Teilmenge von E_+ mit den Eigenschaften:

(a) Ist p eine stetige Verbandshalbnorm auf E und $(x_n)_{n \in \mathbb{N}}$ eine normierte, orthogonale Folge in E_+ mit $\inf_n p(x_n) > 0$, so existiert eine normbeschränkte, orthogonale Folge $(y_n)_{n \in \mathbb{N}}$ in D mit $\inf_n p(y_n) > 0$.

(b) Jede normbeschränkte, orthogonale Folge in D besitzt eine in E'' ordnungsbeschränkte Teilfolge.

Dann besitzt E die reziproke und die schwache DPE.

2. Die Eigenschaft, daß jede normbeschränkte, orthogonale Folge im positiven Kegel eines Banachverbandes E eine in E'' ordnungsbeschränkte Teilfolge besitzt, ist äquivalent zu den nachstehenden Aussagen:

(i) Jede normbeschränkte, orthogonale Folge in E_+ besitzt eine schwach absolut summierbare Teilfolge.

(ii) Jede normierte, orthogonale Folge in E_+ besitzt eine Teilfolge äquivalent zur kanonischen c_0-Basis.

Dies hat seine Ursache darin, daß für normierte, orthogonale Folgen in E_+ die drei Bedingungen „E''-majorisiert", „schwach absolut summierbar" und „Existenz einer Teilfolge äquivalent zur kanonischen c_0-Basis" gleichwertig sind (siehe dazu A.1).

3. Ist E ein Banachverband, welcher den Voraussetzungen von Satz 9.6 genügt, so ist E'' ein (V_0)-Ideal. E besitzt also die Eigenschaft (V_0) (6.1).

Wir möchten nun noch einige Beispiele von Banachverbänden angeben, welche die Voraussetzungen von Satz 9.6 erfüllen.

Beispiele. 3. Jeder AM-Raum genügt den Voraussetzungen von Satz 9.6, denn der Bidual eines AM-Raumes ist ein AM-Raum mit Einheit ([56, II.9.1]).

4. $(p_n)_{n \in \mathbb{N}}$ sei eine Folge in $[1, \infty)$ mit $\lim_n p_n = \infty$. Für $n \in \mathbb{N}$ setzen wir $E_n := l_{p_n}^n (= (\mathbb{R}^n, \| \cdot \|_{p_n}))$. Sind $n, m \in \mathbb{N}$ mit $m \leq n$, so bezeichne $\varepsilon_{n,m}$ den m-ten kanonischen Einheitsvektor in E_n. Wir definieren $E := l_\infty^{\mathbb{N}}(E_n)$ und

$$F := \{(\xi_n)_{n \in \mathbb{N}} = x \in E : \text{Für jedes } m \in \mathbb{N} \text{ und alle } n \geq m \text{ ist } \langle \xi_n, \varepsilon_{n,m} \rangle = c_m = \text{const.}\}$$

F ist ein abgeschlossener Untervektorverband von E. Es gilt dann:

Jede normbeschränkte, orthogonale Folge $(x_n)_{n \in \mathbb{N}}$ in E_+ bzw. F_+ besitzt eine Teilfolge $(x_{n_k})_{k \in \mathbb{N}}$, für welche $\sup_k x_{n_k}$ in E bzw. F existiert. Insbesondere genügen die Banachverbände E und F den Voraussetzungen von Satz 9.6.

Beweis. Wir beweisen die Behauptung zunächst für E. Sei $(x_n)_{n \in \mathbb{N}}$ eine orthogonale Folge in E_+ mit $\| x_n \| \leq 1$ für alle $n \in \mathbb{N}$. Für $r \in \mathbb{N}$ bezeichne $P_r: E \to E_r: (\xi_n)_{n \in \mathbb{N}} \to \xi_r$ die kanonische Surjektion. $(m_k)_{k \in \mathbb{N}}$ sei eine streng monoton wachsende Folge in $\mathbb{N}$ mit $m_1 = 1$ und $k^{1/p_r} \leq 2$ für alle $r \geq m_k$, $k \in \mathbb{N}$. Weiter sei $(n_k)_{k \in \mathbb{N}}$ eine streng monoton wachsende Folge in $\mathbb{N}$, so daß für jedes $k \in \mathbb{N}$ und alle $1 \leq r < m_k$ die Gleichheit $P_r x_{n_k} = 0$ gilt.

Sei nun $2 \leq l \in \mathbb{N}$ vorgegeben. Es ist

$$\left\| \sum_{1 \leq k \leq l} x_{n_k} \right\| = \sup_r \left\| \sum_{1 \leq k \leq l} P_r x_{n_k} \right\|_{p_r}.$$

Ist $1 \leq j < l$, so gilt

$$\sup_{m_j \leq r < m_{j+1}} \left\| \sum_{1 \leq k \leq l} P_r x_{n_k} \right\|_{p_r}$$

$$= \sup_{m_j \leq r < m_{j+1}} \left\| \sum_{1 \leq k \leq j} P_r x_{n_k} \right\|_{p_r}$$

$$= \sup_{m_j \leq r < m_{j+1}} \left(\sum_{1 \leq k \leq j} \| P_r x_{n_k} \|_{p_r}^{p_r} \right)^{1/p_r}$$

$$\leq \sup_{m_j \leq r < m_{j+1}} \left(\sum_{1 \leq k \leq j} \sup_n \| x_n \|^{p_r} \right)^{1/p_r}$$

$$\leq \sup_{m_j \leq r < m_{j+1}} j^{1/p_r} \leq 2 .$$

Also ergibt sich $\sup_{r < m_l} \left\| \sum_{1 \leq k \leq l} P_r x_{n_k} \right\|_{p_r} \leq 2.$

Ist $r \geq m_l$, so ist

$$\left\| \sum_{1 \leq k \leq l} P_r x_{n_k} \right\|_{p_r} = \left(\sum_{1 \leq k \leq l} \| P_r x_{n_k} \|_{p_r}^{p_r} \right)^{1/p_r} \leq l^{1/p_r} \leq 2 .$$

Somit gilt $\| \sum_{1 \leq k \leq l} x_{n_k} \| = \sup_r \| \sum_{1 \leq k \leq l} P_r x_{n_k} \|_{p_r} \leq 2$. Schreiben wir x_{n_k} als Folge $(\xi_{k,m})_{m \in \mathbb{N}}$, so existiert $\eta_m := \sup_l \sum_{1 \leq k \leq l} \xi_{k,m} \in E_m$ für jedes $m \in \mathbb{N}$ und es gilt $\| \eta_m \|_{p_m} \leq 2$ für alle $m \in \mathbb{N}$. Es ist dann $y := (\eta_m)_{m \in \mathbb{N}} \in E$ das Supremum der Folge $(x_{n_k})_{k \in \mathbb{N}}$ in E.

Ist die Folge $(x_n)_{n \in \mathbb{N}}$ aus F_+, so sieht man leicht, daß das oben erhaltene Element y sogar aus F ist. Damit ist die Behauptung bewiesen. $\square$

Der Banachverband $E = l_\infty^{\mathbb{N}}(E_n)$ aus Beispiel 4 ist der Dualraum von $G := l_1^{\mathbb{N}}(E_n')$. Weiter ist F ein $\sigma(E, G)$-abgeschlossener Teilraum von E und daher selbst Dual eines Banachraumes. Nach Bemerkung 3 besitzen E und F die Eigenschaft (V_0) und damit auch die Eigenschaft (V). Da ein dualer Banachraum keinen komplementierbaren, zu c_0 isomorphen Teilraum enthalten kann (A.3), ergibt sich mit Satz 3.2:

9.7 Satz. Die Banachverbände E und F aus Beispiel 4 sind Grothendieck-Räume.

Die Räume E und F aus Beispiel 4 sind für uns auch von einem anderen Blickwinkel her interessant. Die bisher vorgestellten Banachverbände mit Grothendieck- und schwacher Dunford-Pettis-Eigenschaft waren stets verbandsisomorph zu AM-Räumen. Hier ist die Situation nun anders.

9.8 Satz. Sei $(p_n)_{n \in \mathbb{N}}$ eine Folge im Intervall $[1, \infty)$. Gilt $\overline{\lim}_n n^{1/p_n} = \infty$, so ist $l_\infty^{\mathbb{N}}(l_{p_n}^n)$ nicht isomorph zu einem komplementierten Teilraum eines AM-Raumes.

Gilt $\overline{\lim}_n n^{1/p_n} < \infty$, so ist $l_\infty^{\mathbb{N}}(l_{p_n}^n)$ verbandsisomorph zu l_∞.
Ist $p_n > 2$ für alle bis auf endlich viele $n \in \mathbb{N}$, so ist $l_\infty^{\mathbb{N}}(l_{p_n}^n)$ isomorph zu einem Quotienten von l_∞.

Für den Beweis des Satzes verweisen wir auf Appendix D.

Bemerkungen. 4. Man kann zeigen, daß der Untervektorverband F von E aus Beispiel 4 komplementierbar ist in E. Damit folgt, daß auch F stets isomorph ist zu einem Quotienten von l_∞. Falls $\overline{\lim}_n n^{1/p_n} < \infty$ gilt, ist F sogar verbandsisomorph zu einem *AM*-Raum. Ob für den Fall $\overline{\lim}_n n^{1/p_n} = \infty$ eine zu Satz 9.8 analoge Aussage gilt, ist unbekannt.

5. Die Grothendieck-Eigenschaft für die Banachverbände E und F aus Beispiel 4 ergibt sich auch aus der Tatsache, daß E und F isomorph sind zu Quotienten von l_∞ (1.4 und 1.6).

6. Analog zum Beweis der letzten Behauptung von Satz 9.8 (siehe Appendix D) kann man zeigen: Ist $(p_n)_{n \in \mathbb{N}}$ eine Folge in $(1, \infty)$ und gilt $p_n > 2$ für alle bis auf endlich viele $n \in \mathbb{N}$, dann ist $E = l_\infty^{\mathbb{N}}(L_{p_n}[0,1])$ isomorph zu einer direkten Summe derjenigen Räume $L_{p_n}[0,1]$, für welche $1 < p_n \leq 2$ ist, und eines Quotienten von l_∞. Offenbar ist dann der Banachverband E wieder ein Grothendieck-Raum, besitzt aber nicht die schwache DPE.

§ 10. Hinreichende Bedingungen an die Ordnung eines Banachverbandes für die Gültigkeit der Grothendieck-Eigenschaft

In Theorem 8.1 haben wir Bedingungen an die Ordnung eines Banachverbandes E kennengelernt, welche das Zusammenfallen der $\sigma(E',E)$- und der $\sigma(E',I_E)$-Konvergenz von Folgen bewirken. Ist E ein Banachverband, für welchen das von E in E'' erzeugte Ideal I_E dicht ist in E'', so sind diese Bedingungen hinreichend für die Grothendieck-Eigenschaft.

Wir wollen nun Bedingungen an die Ordnung eines Banachverbandes angeben, welche selbst schon hinreichend sind für die Grothendieck-Eigenschaft. Den Schlüssel dazu liefert das nachstehende Lemma.

10.1 Lemma. Sei E ein Banachverband. D sei eine Teilmenge von E_+ mit den Eigenschaften:

(a) Ist p eine stetige Verbandshalbnorm auf E und $(x_n)_{n \in \mathbb{N}}$ eine normierte, orthogonale Folge in E_+ mit $\inf_n p(x_n) > 0$, so existiert eine normbeschränkte, orthogonale Folge $(y_n)_{n \in \mathbb{N}}$ in D mit $\inf_n p(y_n) > 0$.

(b) Jede normbeschränkte, orthogonale Folge in D besitzt eine in E ordnungsbeschränkte Teilfolge.

Dann ist jede relativ $\sigma(E',I_E)$-kompakte Menge schon L-schwach kompakt. Insbesondere ist jede $\sigma(E',I_E)$-konvergente Folge $\sigma(E',E'')$-konvergent.

Beweis. Sei $A \subset E'$ relativ $\sigma(E', I_E)$-kompakt. Ohne Einschränkung sei A solid (§ 5, Bemerkung 1(a)). Für jede ordnungsbeschränkte, orthogonale Folge $(x_n)_{n \in \mathbb{N}}$ in E_+ gilt dann $\lim_n p_A(x_n) = 0$ (Thm. 5.1). Ist nun $(y_n)_{n \in \mathbb{N}}$ eine normbeschränkte, orthogonale Folge in D, so besitzt $(y_n)_{n \in \mathbb{N}}$ nach Voraussetzung (b) eine ordnungsbeschränkte Teilfolge. Mit obigem folgt dann, daß $\lim_n p_A(y_n) = 0$ gelten muß. Daraus folgt wiederum mit Voraussetzung (a), daß für jede normierte, orthogonale Folge $(z_n)_{n \in \mathbb{N}}$ in E_+ die Beziehung $\lim_n p_A(z_n) = 0$ gilt. Also ist A L-schwach kompakt. Die zweite Behauptung folgt leicht aus Satz 9.1 und Lemma 5.6. $\square$

Das Lemma zusammen mit Theorem 8.1 liefert nun weitere hinreichende Bedingungen für die Grothendieck-Eigenschaft.

10.2 Theorem. Sei E ein Banachverband. D sei eine Teilmenge von E_+ mit den Eigenschaften:

(a) Ist p eine stetige Verbandshalbnorm auf E und $(x_n)_{n \in \mathbb{N}}$ eine normierte, orthogonale Folge in E_+ mit $\inf_n p(x_n) > 0$, so existiert eine normbeschränkte, orthogonale Folge $(y_n)_{n \in \mathbb{N}}$ in D mit $\inf_n p(y_n) > 0$.

(b) Sind $x, y \in D$ orthogonal, so ist $\sup(x, y) \in D$, und sind $u, v \in D$ mit $u \leq v$, so ist $(v - nu)_+ \in D$ für jedes $n \in \mathbb{N}$.

Jede der nachstehenden Aussagen impliziert, daß E ein Grothendieck-Raum ist:

  (i) Jede normbeschränkte, orthogonale Familie $(x_\alpha)_{\alpha \in \mathscr{A}}$ aus D besitzt in D ein Supremum.

  (ii) Jede normbeschränkte, orthogonale Folge $(x_n)_{n \in \mathbb{N}}$ aus D besitzt in D ein Supremum.

  (iii) Jede normbeschränkte, orthogonale Folge $(x_n)_{n \in \mathbb{N}}$ aus D besitzt eine Teilfolge $(x_{n_k})_{k \in \mathbb{N}}$, für welche $\sup_k x_{n_k}$ in D existiert.

  (iv) Jede normbeschränkte, orthogonale Folge aus D besitzt eine durch ein $x \in D$ majorisierte Teilfolge und sind $(x_n)_{n \in \mathbb{N}}$ und $(y_n)_{n \in \mathbb{N}}$ Folgen in D mit $x_n \leq x_{n+1} \leq y_{n+1} \leq y_n$ für alle $n \in \mathbb{N}$, so existiert ein $y \in D$ mit $x_n \leq y \leq y_n$ für jedes $n \in \mathbb{N}$.

  (v) Jede normbeschränkte, orthogonale Folge aus D besitzt eine durch ein $x \in D$ majorisierte Teilfolge. Und ist weiter $(x_n)_{n \in \mathbb{N}}$ eine orthogonale Folge in D und $(y_n)_{n \in \mathbb{N}}$ eine monoton fallende Folge in D mit $\sup_{1 \leq m \leq n} x_m \leq y_n$ für jedes $n \in \mathbb{N}$, so existieren eine Teilfolge $(x_{n_k})_{k \in \mathbb{N}}$ von $(x_n)_{n \in \mathbb{N}}$ und ein $y \in D$ mit $\sup_{1 \leq k \leq m} x_{n_k} \leq y \leq y_m$ für alle $m \in \mathbb{N}$.

Beweis. Man sieht sofort, daß die Aussage (v) die schwächste der Aussagen (i) – (v) ist. Also genügt es, die Behauptung nur für die Aussage (v) nachzuweisen. Es ist leicht zu sehen, daß in der vorliegenden Situation die Voraussetzungen von Theorem 8.1 und die Aussage (v) von Theorem 8.1 erfüllt sind. Also ist jede $\sigma(E', E)$-konvergente Folge $\sigma(E', I_E)$-konvergent. Andererseits sind auch die Voraussetzungen von Lemma 10.1 erfüllt. Also ist jede $\sigma(E', I_E)$-konvergente Folge $\sigma(E', E'')$-konvergent. Dies beweist die Behauptung. $\square$

Das nachstehende Korollar ist eine unmittelbare Konsequenz von Theorem 10.2 (setze $D = E_+$). Die meisten der dort auftretenden Bedingungen an die Ordnung wurden in § 8 eingeführt (siehe S. 11, 41 und § 8, Bem. 5).

10.3 Korollar. Sei E ein Banachverband. E sei ordnungsvollständig (σ-ordnungsvollständig, σ^*-ordnungsvollständig) oder besitze die Interpolationseigenschaft (schwache Interpolationseigenschaft). Weiter besitze jede normierte, orthogonale Folge in E_+ eine in E ordnungsbeschränkte Teilfolge. Dann ist E ein Grothendieck-Raum.

Bemerkungen. 1. Ist für $D = E_+$ die Aussage (i) bzw. (ii) von Theorem 10.2 erfüllt, so ist E bereits verbandsisomorph zu einem ordnungsvollständigen bzw. σ-ordnungsvollständigen AM-Raum ([43] und [63, Thm. 5]).

2. Aus der Ordnungsvollständigkeit von E und der Tatsache, daß jede normierte, orthogonale Folge in E_+ eine in E ordnungsbeschränkte Teilfolge besitzt, folgt noch nicht, daß E verbandsisomorph ist zu einem AM-Raum. Dies zeigt der Banachverband E aus Beispiel 4 in § 9 (siehe dazu Satz 9.8).

3. Aus Bemerkung 1 von § 9 folgt sofort: Ein Banachverband, welcher den Voraussetzungen von Theorem 10.2 und einer der Bedingungen (i) − (v) des Theorems genügt, besitzt die reziproke und die schwache DPE.

Beispiele. 1. Ist $\mathscr{B}$ eine Boolesche Algebra, die ordnungsvollständig (σ-ordnungsvollständig, σ^*-ordnungsvollständig) ist oder die Interpolationseigenschaft (schwache Interpolationseigenschaft) besitzt (siehe § 8, Bemerkung 2), und bezeichnet $K_{\mathscr{B}}$ den Stoneschen Darstellungsraum von $\mathscr{B}$ ([56, II. Exerc. 1]), so ist $C(K_{\mathscr{B}})$ ein Grothendieck-Raum. Dies wurde bereits in Bemerkung 2 von § 8 begründet (setze $D := \{\chi_B : B \in \mathscr{B}\}$).

2. Sei E ein Banachverband mit der schwachen Interpolationseigenschaft. Ist F ein Ideal in E mit der Eigenschaft, daß jede normierte, orthogonale Folge in F_+ eine in F_+ ordnungsbeschränkte Teilfolge besitzt, so ist $\bar{F}$ ein Grothendieck-Raum (setze in Theorem 10.2 $D := F_+$).

3. Als Spezialfall von 2. ergibt sich:
Ist E σ-ordnungsvollständig und besitzt jede normierte, orthogonale Folge in E_+ eine in E ordnungsbeschränkte Teilfolge, so ist jedes σ-Ideal F in E ein Grothendieck-Raum. Somit ist jedes σ-Ideal in einem σ-ordnungsvollständigen AM-Raum mit Einheit ein Grothendieck-Raum. Insbesondere gilt:
Ist E ein AM-Raum, so ist das von E in E'' erzeugte σ-Ideal stets ein Grothendieck-Raum.

4. Es seien $(E_n)_{n \in \mathbb{N}}$ eine Folge von Banachverbänden und $c > 0$ eine reelle Zahl. Für jede normierte, orthogonale Folge $(\xi_n)_{n \in \mathbb{N}}$ in $(E_m)_+$, $m \in \mathbb{N}$, existiere ein Element $\zeta_m \in E_m$ mit $\| \zeta_m \| \leq c$, so daß ζ_m eine Teilfolge von $(\xi_n)_{n \in \mathbb{N}}$ majorisiert. Ist dann $\mathscr{F}$ ein Filter auf $\mathbb{N}$, der feiner ist als der Fréchet-Filter $\mathscr{F}_0$, so besitzt $l_\infty^{\mathbb{N}}(E_n)/c_0^{\mathscr{F}}(E_n)$ die Grothendieck-Eigenschaft.

Beweis. Wir zeigen, daß jede normbeschränkte, orthogonale Folge im positiven Kegel von $E := l_\infty^{\mathbb{N}}(E_n)/c_0^{\mathscr{F}}(E_n)$ eine in E ordnungsbeschränkte Teilfolge enthält. Da E die Interpolationseigenschaft besitzt (Satz 8.3), folgt dann mit Theorem 10.2 die Behauptung.

Es sei also $(\hat{x}_n)_{n\in\mathbb{N}}$ eine orthogonale Folge in E_+ mit $\|\hat{x}_n\| < 1$ für jedes $n\in\mathbb{N}$. Wähle $x_n\in l_\infty^{\mathbb{N}}(E_n)_+$ mit $\|x_n\|\leqq 1$ und $qx_n = \hat{x}_n$ ($-$ dabei bezeichne q die kanonische Surjektion von $l_\infty^{\mathbb{N}}(E_n)$ auf E). Nach [9, Lemma 2] existieren paarweise orthogonale Elemente $y_n\in l_\infty^{\mathbb{N}}(E_n)_+$ mit $y_n\leqq x_n$ und $qy_n = \hat{x}_n$ für jedes $n\in\mathbb{N}$. Wir schreiben nun jedes y_n als Folge $(\eta_{n,m})_{m\in\mathbb{N}}$. Durch sukzessives Auswählen von Teilfolgen und „Diagonalisierung" erhalten wir eine Teilfolge $(y_{n_k})_{k\in\mathbb{N}}$ von $(y_n)_{n\in\mathbb{N}}$, so daß für jedes $m\in\mathbb{N}$ die Folge $(\eta_{n_k,m})_{k\in\mathbb{N}}$ eine Majorante $\zeta_m\in(E_m)_+$ mit $\|\zeta_m\|\leqq c$ besitzt. Dann ist $z := (\zeta_n)_{n\in\mathbb{N}}\in l_\infty^{\mathbb{N}}(E_n)$ eine Majorante der Folge $(y_{n_k})_{k\in\mathbb{N}}$ und qz somit eine Majorante der Folge $(\hat{x}_{n_k})_{k\in\mathbb{N}}$. $\square$

Die Bedingungen an die Folge $(E_n)_{n\in\mathbb{N}}$ sind unter anderem dann erfüllt, wenn jedes E_n ein σ-Ideal in einem σ-ordnungsvollständigen Raum $C(K_n)$, K_n kompakt, ist oder wenn E_n für jedes $n\in\mathbb{N}$ gleich dem Banachverband E bzw. F aus Beispiel 4 von §9 ist ($-$ dies ist aus dem in §9, Beispiel 4, geführten Beweis ersichtlich).

In Beispiel 3 haben wir gesehen, daß gewisse Ideale in σ-ordnungsvollständigen *AM*-Räumen mit Einheit die Grothendieck-Eigenschaft besitzen. Der nachstehende, von H. P. LOTZ mitgeteilte Satz erweitert dieses Resultat in der folgenden Weise:

10.4 Satz: Sei E ein *AM*-Raum. I sei ein abgeschlossenes Ideal in E mit der Eigenschaft:

(∇) Ist $(x_n)_{n\in\mathbb{N}}$ eine normierte Folge in I_+, so existiert eine Teilfolge $(x_{n_k})_{k\in\mathbb{N}}$ von $(x_n)_{n\in\mathbb{N}}$ und ein $x\in I$ mit $\|x\| = 1$ und $x_{n_k}\leqq x$ für jedes $k\in\mathbb{N}$.

Dann gilt: Ist E ein Grothendieck-Raum, so besitzt auch I die Grothendieck-Eigenschaft.

Beweis. Wir zeigen, daß jede $\sigma(I',I)$-Nullfolge eine Teilfolge besitzt, welche die Einschränkung einer $\sigma(E',E)$-Nullfolge auf I ist. Die Behauptung ergibt sich dann aus der Grothendieck-Eigenschaft von E und 1.1.

Wir beginnen mit einigen Vorüberlegungen: Die Polare I^0 von I ist ein abgeschlossenes Ideal in dem *AL*-Raum E' und somit ein Projektionsband ([56, II.5.14, II.2.10]). I' ist daher isometrisch verbandsisomorph zu

$$(I^0)^{\perp} := \{z'\in E' : \inf(|z'|, |y'|) = 0 \text{ für alle } y'\in I^0\}.$$

Daraus folgt, unter Verwendung der Additivität der Norm auf $(E')_+$, daß jedes $x'\in I'$ eine eindeutige normerhaltende Fortsetzung $\tilde{x}'\in E'$ besitzt.

Weiter existiert zu jedem $x'\in I'$ ein $x\in I_+$ mit $\|x\| = 1$ und $\langle |x'|, x\rangle = \|x'\|$. Dies sieht man wie folgt:

Es existiert eine normierte Folge $(x_n)_{n \in \mathbb{N}}$ in I_+ mit $\lim_n \langle |x'|, x_n \rangle = \|x'\|$. Nach Voraussetzung existiert ein $x \in I_+$ mit $\|x\| = 1$, welches eine Teilfolge von $(x_n)_{n \in \mathbb{N}}$ majorisiert. Dieses Element x leistet das Gewünschte.

Analog zeigt man, daß zu jeder Folge $(x'_n)_{n \in \mathbb{N}}$ in I' eine Teilfolge $(x'_{n_k})_{k \in \mathbb{N}}$ und ein $x \in I_+$ existieren mit $\|x\| = 1$ und $\langle |x'_{n_k}|, x \rangle = \|x'_{n_k}\|$ für alle $k \in \mathbb{N}$.

Sei nun $(x'_n)_{n \in \mathbb{N}}$ eine $\sigma(I', I)$-Nullfolge in I'. Wähle eine Teilfolge $(x'_{n_k})_{k \in \mathbb{N}}$ und ein Element $x \in I_+$ wie oben. $\tilde{x}'_n$ bezeichne die normerhaltende Fortsetzung von x'_n auf E'. Ist $z \in E_+$ mit $\|z\| = 1$, so gilt für jedes $k \in \mathbb{N}$

$$0 \leq \langle |\tilde{x}'_{n_k}|, z - \inf(z, x) \rangle = \langle |\tilde{x}'_{n_k}|, \sup(z, x) - x \rangle$$
$$= \langle |\tilde{x}'_{n_k}|, \sup(z, x) \rangle - \langle |\tilde{x}'_{n_k}|, x \rangle = \|\tilde{x}'_{n_k}\| - \|\tilde{x}'_{n_k}\| = 0 \,.$$

Für jedes $k \in \mathbb{N}$ gilt daher $0 = |\langle \tilde{x}'_{n_k}, z - \inf(z, x) \rangle|$. Somit ist $\langle \tilde{x}'_{n_k}, z \rangle = \langle \tilde{x}'_{n_k}, \inf(z, x) \rangle$ für jedes $k \in \mathbb{N}$. Wegen $\inf(z, x) \in I$ ist dann $\lim_k \langle \tilde{x}'_{n_k}, z \rangle = \lim_k \langle x'_{n_k}, \inf(z, x) \rangle = 0$. Dies zeigt, daß $(\tilde{x}'_{n_k})_{k \in \mathbb{N}}$ eine $\sigma(E', E)$-Nullfolge ist, was zu zeigen war. $\square$

Beispiel. 5. Sei K ein kompakter topologischer Raum. A sei eine abgeschlossene Teilmenge von K mit der Eigenschaft, daß der Durchschnitt abzählbar vieler Umgebungen von A wieder eine Umgebung von A ist. Dann erfüllt das Ideal $J_A := \{f \in C(K) : f_{|A} = 0\}$ die Bedingung (∇) des Satzes:
Zunächst überlegt man sich, daß zu jedem $f \in J_A$ eine offene Umgebung U_f von A existiert mit $f_{|U_f} = 0$. Dies verwendet man dann, um zu zeigen, daß zu jeder Folge $(f_n)_{n \in \mathbb{N}}$ in J_A eine offene Umgebung U von A existiert mit $f_{n|U} = 0$ für alle $n \in \mathbb{N}$. Es existiert eine Urysohn-Funktion $f \in C(K)$ mit $0 \leq f(t) \leq 1$ für alle $t \in K$, $f_{|K \setminus U} = 1$ und $f_{|A} = 0$, also $f \in J_A$. Gilt nun $\|f_n\| \leq 1$ für alle $n \in \mathbb{N}$, so folgt, daß f eine Majorante der Folge $(f_n)_{n \in \mathbb{N}}$ in J_A ist mit $\|f\| \leq 1$.

Eine Menge A mit obiger Eigenschaft bezeichnet man als *P-Menge* (in K). Ist $A = \{x\}$ für ein $x \in K$, so nennt man x einen *P-Punkt* von K ([25, 4L]).

Ist K ein total unzusammenhängender F-Raum (d.h. die Topologie auf K besitzt eine Basis aus offen-abgeschlossenen Mengen und disjunkte offene F_σ-Mengen[1] haben disjunkte Abschlüsse), so besitzt $C(K)$ die Grothendieck-Eigenschaft ([57, Thm. 2.5]). Ist A der Abschluß einer offenen F_σ-Menge in K, so ist A eine *P*-Menge. Für jede solche Menge A besitzt also das Ideal J_A die Grothendieck-Eigenschaft.

§ 11. l_∞-direkte Summen und $\mathscr{F}$-Produkte von Banachräumen

In den vorausgegangenen Paragraphen sind uns mehrfach Beispiele von Grothendieck-Räumen vom Typ $l_\infty^{\mathbb{N}}(E_n)$ und $l_\infty^{\mathbb{N}}(E_n)/c_0^{\mathscr{F}}(E_n)$ begegnet (Kor. 8.4; Satz 9.7; Satz 9.8; § 9, Bem. 5 und 6; § 10, Bsp. 4). Wir wollen uns in diesem

---

[1] Eine Teilmenge A eines topologischen Raumes $(M, \mathscr{T})$ heißt F_σ-Menge, falls eine Folge $(A_n)_{n \in \mathbb{N}}$ abgeschlossener Teilmengen von $(M, \mathscr{T})$ existiert mit $A = \bigcup_n A_n$

Paragraphen nun überlegen, wann Räume vom Typ $l^I_\infty(E_i)$ und $l^I_\infty(E_i)/c^{\mathscr{F}}_0(E_i)$ die Grothendieck-Eigenschaft besitzen. Dabei ist I eine beliebige unendliche Indexmenge und $\mathscr{F}$ ein Filter, der feiner ist als der Fréchet-Filter $\mathscr{F}_0$ bestehend aus den Teilmengen von I mit endlichem Komplement in I (zur Einführung der Notation $l^I_\infty(E_i)$ und $l^I_\infty(E_i)/c^{\mathscr{F}}_0(E_i)$ siehe S. 44). Es wird sich zeigen, daß ein enger Zusammenhang besteht zwischen der Gültigkeit der Grothendieck-Eigenschaft bei Räumen $l^I_\infty(E_i)/c^I_0(E_i)$ und bei Räumen $l^I_\infty(E_i)$ (Theorem 11.1).

Zunächst wollen wir uns jedoch anhand eines Beispiels überlegen, daß für eine Folge $(E_n)_{n\in\mathbb{N}}$ von Banachverbänden mit der Grothendieck-Eigenschaft der Banachverband $l^{\mathbb{N}}_\infty(E_n)$ im allgemeinen kein Grothendieck-Raum mehr zu sein braucht, selbst wenn alle Räume E_n identisch sind.

Beispiel. 1. Für $n\in\mathbb{N}$ sei $E_n := l^n_1$. Für $k\in\mathbb{N}$ definiere $x_k := ((\xi_{n,m})_{m\leq n})_{n\in\mathbb{N}}$ $\in l^{\mathbb{N}}_\infty(E_n)$ durch $\xi_{n,m} := 1$ für $n \geq k$ und $m = k$ und $\xi_{n,m} := 0$ sonst. Die Vektoren x_k sind positiv, normiert und paarweise orthogonal. Ist nun $\alpha_1,\ldots,\alpha_k$, $k\in\mathbb{N}$, eine endliche Folge reeller Zahlen, so gilt $\sum_{1\leq l\leq k}|\alpha_l| = \|\sum_{1\leq l\leq k}\alpha_l x_l\|$. Also ist $(x_k)_{k\in\mathbb{N}}$ äquivalent zur kanonischen l_1-Basis. Demzufolge besitzt $l^{\mathbb{N}}_\infty(E_n)$ einen abgeschlossenen, zu l_1 verbandsisomorphen Untervektorverband (Appendix B., S. 65). Nach C.1 und C.2 ist dann $(l^{\mathbb{N}}_\infty(E_n))'$ nicht schwach folgenvollständig und somit kann $l^{\mathbb{N}}_\infty(E_n)$ kein Grothendieck-Raum sein (1.5).

Es sei $F := l^{\mathbb{N}}_2(l^n_1)$. F ist reflexiv und somit ein Grothendieck-Raum. Der Banachverband $l^{\mathbb{N}}_\infty(F)$ enthält einen komplementierbaren, zu $l^{\mathbb{N}}_\infty(E_n)$ isomorphen Teilraum und deshalb kann $l^{\mathbb{N}}_\infty(F)$ ebenfalls nicht die Grothendieck-Eigenschaft besitzen (1.6).

Wir kommen nun zum Hauptresultat dieses Paragraphen. Es stellt eine Beziehung her zwischen der Gültigkeit der Grothendieck-Eigenschaft in $l^I_\infty(E_i)$ und der Gültigkeit der Grothendieck-Eigenschaft in $l^I_\infty(E_i)/c^I_0(E_i)$.

11.1 Theorem. Sei $(E_i)_{i\in I}$ eine unendliche Familie von Banachräumen. Man betrachte die folgenden Aussagen:

(i) $l^I_\infty(E_i)$ ist ein Grothendieck-Raum.

(ii) $l^I_\infty(E_i)/c^I_0(E_i)$ ist ein Grothendieck-Raum.

Dann gilt stets die Implikation (i) $\Rightarrow$ (ii). Besitzt darüber hinaus E_i für jedes $i\in I$ die Grothendieck-Eigenschaft, so sind die Aussagen (i) und (ii) äquivalent.

Theorem 11.1 ist ein Spezialfall des nachfolgenden Theorems.

11.2 Theorem. Sei E ein Banachraum. F sei ein abgeschlossener Teilraum von E und es existiere eine Projektion P von E' auf F^0, so daß $Id-P$ eine $\sigma(E',E)-\sigma(E',E'')$-folgenstetige Abbildung ist. Dann sind die folgenden Aussagen äquivalent:

(i) E ist ein Grothendieck-Raum.

(ii) E/F ist ein Grothendieck-Raum.

Beweis. Da Quotienten von Grothendieck-Räumen wieder die Grothendieck-Eigenschaft besitzen (1.6), folgt sofort die Implikation (i) $\Rightarrow$ (ii).

(ii) $\Rightarrow$ (i): Sei $(x'_n)_{n \in \mathbb{N}}$ eine $\sigma(E', E)$-Nullfolge. Es sei $x'_{1,n} := P x'_n$ und $x'_{2,n} := (Id - P) x'_n$, $n \in \mathbb{N}$. Nach Voraussetzung ist $(x'_{2,n})_{n \in \mathbb{N}}$ eine $\sigma(E', E'')$-Nullfolge. Dann ist $(x'_{1,n})_{n \in \mathbb{N}}$ eine $\sigma(F^0, E)$-Nullfolge. Betrachtet man die kanonische Dualität zwischen E/F und $F^0 \cong (E/F)'$, so ergibt sich hieraus, daß $(x'_{1,n})_{n \in \mathbb{N}}$ eine $\sigma((E/F)', E/F)$-Nullfolge ist. Nach Voraussetzung ist $(x'_{1,n})_{n \in \mathbb{N}}$ eine $\sigma(F^0, (F^0)')$-Nullfolge und wegen $\sigma(E', E'')_{|F^0} = \sigma(F^0, (F^0)')$ auch eine $\sigma(E', E'')$-Nullfolge. Die $\sigma(E', E'')$-Konvergenz der Folge $(x'_n)_{n \in \mathbb{N}}$ gegen Null ergibt sich dann aus der Identität $x'_n = x'_{1,n} + x'_{2,n}$. $\square$

11.3 Korollar. Sei E ein Banachraum mit der Grothendieck-Eigenschaft. Genau dann ist E'' ein Grothendieck-Raum, wenn E''/E ein Grothendieck-Raum ist.

Beweis. Bekanntlich ist E''' die direkte Summe von E' und $E^0 \subseteq E'''$. Sei nun $(x'_n)_{n \in \mathbb{N}}$ eine $\sigma(E''', E'')$-Nullfolge. Wir zerlegen x'_n in $x'_n = y'_n + z'_n$ mit $y'_n \in E'$ und $z'_n \in E^0$. Dann ist $(y'_n)_{n \in \mathbb{N}}$ eine $\sigma(E', E)$-Nullfolge und wegen der Voraussetzung sogar eine $\sigma(E', E'')$-Nullfolge. Ist P die Projektion von E''' auf E^0 mit $\ker P = E'$, so ergibt sich, daß $Id - P$ eine $\sigma(E''', E'') - \sigma(E''', E''')$-folgenstetige Projektion ist. Nach 11.2 folgt dann aus der Grothendieck-Eigenschaft für E''/E die Grothendieck-Eigenschaft für E'' und umgekehrt. $\square$

Wir wollen nun zeigen, daß Theorem 11.1 ein Spezialfall von Theorem 11.2 ist. Wir müssen also nachweisen, daß unter den Gegebenheiten von Theorem 11.1 die Voraussetzungen von Theorem 11.2 erfüllt sind. Dies geschieht mittels zweier Lemmata. Diesen werden jedoch noch einige Bemerkungen vorangestellt:

Sei $(E_i)_{i \in I}$ eine unendliche Familie von Banachräumen. Dann läßt sich $(c_0^I(E_i))'$ in kanonischer Weise mit $l_1^I(E_i')$ identifizieren. Es sei $S: l_1^I(E_i') \to (l_\infty^I(E_i))'$ definiert durch $\langle S((\xi'_i)_{i \in I}), (\xi_i)_{i \in I} \rangle := \sum_i \langle \xi'_i, \xi_i \rangle$, $(\xi'_i)_{i \in I} \in l_1^I(E_i')$, $(\xi_i)_{i \in I} \in l_\infty^I(E_i)$. Der Operator S ist eine lineare Isometrie. Weiter sei $R: (l_\infty^I(E_i))' \to l_1^I(E_i')$ gegeben durch $R x' := x'_{|c_0^I(E_i)}$, $x' \in (l_\infty^I(E_i))'$. Dann ist der Operator $Q := S \circ R$ eine Projektion von $(l_\infty^I(E_i))'$ auf $S(l_1^I(E_i'))$ mit $\ker Q = (c_0^I(E_i))^0$. Es ist also $(l_\infty^I(E_i))'$ die topologisch direkte Summe von $(c_0^I(E_i))^0$ und $S(l_1^I(E_i'))$. Vermöge

$$\langle (\xi'_i)_{i \in I}, (\xi_i)_{i \in I} \rangle := \sum_i \langle \xi'_i, \xi_i \rangle, \quad (\xi'_i)_{i \in I} \in l_1^I(E_i'), \ (\xi_i)_{i \in I} \in l_\infty^I(E_i),$$

wird $\langle l_1^I(E_i'), l_\infty^I(E_i) \rangle$ ein duales Paar. Mit $ba(I)$ bezeichnen wir den Banachraum der reellwertigen, beschränkten, endlich additiven Mengenfunktionen auf der Potenzmenge von I ([17, S. 160]).

11.4 Lemma. Sei $(E_i)_{i \in I}$ eine unendliche Familie von Banachräumen. Ist $(x'_n)_{n \in \mathbb{N}}$ eine $\sigma((l_\infty^I(E_i))', l_\infty^I(E_i))$-Nullfolge, so ist $(R x'_n)_{n \in \mathbb{N}}$ eine $\sigma(l_1^I(E_i'), l_\infty^I(E_i))$-Nullfolge.

Beweis. Für jedes $n \in \mathbb{N}$ schreiben wir $y_n' := R x_n' \in l_1^I(E_i')$ als Familie $(\eta_{n,i}')_{i \in I}$. Ist $y = (\eta_i)_{i \in I} \in l_\infty^I(E_i)$, so ist $\langle y_n', y \rangle = \sum_i \langle \eta_{n,i}', \eta_i \rangle$. Für $M \subseteq I$ sei
$P_M: l_\infty^I(E_i) \to l_\infty^I(E_i): (\xi_i)_{i \in I} \to P_M((\xi_i)_{i \in I}) =: (\zeta_i)_{i \in I}$ definiert durch $\zeta_i := \xi_i$ für $i \in M$ und $\zeta_i := 0$ für $i \in I \setminus M$. Für jedes $n \in \mathbb{N}$ definieren wir $\lambda_n \in ba(I)$ durch $\lambda_n(M) := \langle x_n', P_M y \rangle$, $M \subseteq I$. Nach Voraussetzung gilt $\lim_n \lambda_n(M) = 0$ für jede Menge $M \subseteq I$. Mit dem verallgemeinerten Lemma von PHILLIPS ([49, S. 21, Thm.]) folgt dann

$$0 = \lim_n \sum_i |\lambda_n(\{i\})| = \lim_n \sum_i |\langle x_n', P_{\{i\}} y \rangle|$$
$$= \lim_n \sum_i |\langle R x_n', P_{\{i\}} y \rangle| = \lim_n \sum_i |\langle \eta_{n,i}', \eta_i \rangle|$$
$$= \lim_n |\langle y_n', y \rangle|.$$

Dies beweist die Behauptung. $\square$

11.5 Lemma. Ist $(E_i)_{i \in I}$ eine unendliche Familie von Grothendieck-Räumen, so ist jede $\sigma(l_1^I(E_i'), l_\infty^I(E_i))$-Nullfolge eine $\sigma(l_1^I(E_i'), (l_1^I(E_i'))')$-Nullfolge.

Beweis. Vermöge $\langle (\xi_i'')_{i \in I}, (\xi_i')_{i \in I} \rangle := \sum_i \langle \xi_i'', \xi_i' \rangle$, $(\xi_i'')_{i \in I} \in l_\infty^I(E_i'')$, $(\xi_i')_{i \in I} \in l_1^I(E_i')$, läßt sich $l_\infty^I(E_i'')$ mit $(l_1^I(E_i'))'$ identifizieren. Angenommen, die Behauptung des Lemmas ist falsch. Dann existieren eine $\sigma(l_1^I(E_i'), l_\infty^I(E_i))$-Nullfolge $(y_n')_{n \in \mathbb{N}}$, $\varepsilon > 0$ und $(\eta_i)_{i \in I} = y \in l_\infty^I(E_i'')$ mit

$$(1) \qquad \langle y_n', y \rangle > 2\varepsilon \quad \text{für alle } n \in \mathbb{N}.$$

Jedes y_n' schreiben wir wieder als Familie $(\eta_{n,i}')_{i \in I}$. Ohne Einschränkung gelte $\sup_n \|y_n'\| \le 1$ und $\|y\| \le 1$. Da die finiten Familien dicht liegen in $l_1^I(E_i')$, können wir ohne Einschränkung annehmen, daß für jedes $n \in \mathbb{N}$ die Menge $M_n := \{i \in I: \eta_{n,i}' \neq 0\}$ endlich ist. Induktiv konstruieren wir eine Teilfolge $(y_{n_k}')_{k \in \mathbb{N}}$ der Folge $(y_n')_{n \in \mathbb{N}}$, so daß für jedes $k \in \mathbb{N}$ gilt:

$$(2) \qquad \sum_{i \in N_k} |\langle \eta_{n_k,i}', \eta_i \rangle| < \varepsilon \quad \text{mit} \quad N_k := M_{n_k} \cap \left(\bigcup_{1 \le l < k} M_{n_l} \right)$$
$$\text{für} \quad k \le 2 \quad \text{und} \quad N_1 := I \setminus M_{n_1}.$$

Für $n_1 := 1$ ist (2) offensichtlich erfüllt. Seien $n_1, \ldots, n_k$, $k \ge 1$, mit der Eigenschaft (2) bereits konstruiert. Da jedes E_i die Grothendieck-Eigenschaft besitzt, ist die Folge $(\eta_{n,i}')_{n \in \mathbb{N}}$ für jedes $i \in I$ eine $\sigma(E_i', E_i'')$-Nullfolge. Wegen der Endlichkeit von $\bigcup_{1 \le l \le k} M_{n_l}$ existiert eine natürliche Zahl $n_{k+1} > n_k$, so daß

$$\sum_{i \in N_{k+1}} |\langle \eta_{n_{k+1},i}', \eta_i \rangle| < \varepsilon$$

ist.

Ohne Einschränkung können wir daher annehmen, daß für jedes $n \in \mathbb{N}$ gilt:

$$(3) \qquad \sum_{i \in N_n} |\langle \eta_{n,i}', \eta_i \rangle| < \varepsilon \quad \text{mit} \quad N_n := M_n \cap \left(\bigcup_{1 \le l < n} M_l \right)$$
$$\text{für} \quad n \ge 2 \quad \text{und} \quad N_1 := I \setminus M_1.$$

Daraus folgt mit (1) sofort, daß für jedes $n \in \mathbb{N}$ gilt:

(4) $\quad \sum\limits_{i \in L_n} \| \eta'_{n,i} \| \geqq \sum\limits_{i \in L_n} \langle \eta'_{n,i}, \eta_i \rangle > \varepsilon \quad$ mit $\quad L_n := M_n \backslash N_n$.

Es existiert nun eine Teilfolge $(y'_{n_k})_{k \in \mathbb{N}}$ von $(y'_n)_{n \in \mathbb{N}}$ und normierte Elemente $\zeta_{k,i} \in E_i$, $i \in K_k := M_{n_k} \backslash (\bigcup_{1 \leq l < k} M_{n_l})$, so daß für jedes $k \in \mathbb{N}$ gilt:

(5) $\quad \sum\limits_{i \in K_k} \langle \eta'_{n_k,i}, \zeta_{k,i} \rangle > \varepsilon$

(6) $\quad \sum\limits_{1 \leq l < k} \sum\limits_{i \in M_{n_l}} |\langle \eta'_{n_k,i}, \zeta_{l,i} \rangle| < \varepsilon/2$

$\quad$ ($-$ für $k = 1$ setze man die Summe gleich Null).

Dies ergibt sich wie folgt:
Wähle $n_1 := 1$. Wegen (4) existieren normierte Elemente $\zeta_{1,i} \in E_i$, $i \in M_{n_1}$, mit $\sum_{i \in M_{n_1}} \langle \eta'_{n_1,i}, \zeta_{1,i} \rangle > \varepsilon$. Offensichtlich sind dann (5) und (6) für $n_1 := 1$ erfüllt. Seien $n_1, \ldots, n_k \in \mathbb{N}$ und normierte Vektoren $\zeta_{l,i} \in E_i$, $i \in K_l$, $1 \leq l \leq k$, $k \geq 1$, mit den Eigenschaften (5) und (6) gegeben. Da für jedes $i \in I$ die Folge $(\eta'_{n,i})_{n \in \mathbb{N}}$ eine $\sigma(E'_i, E''_i)$-Nullfolge ist, existiert $n_{k+1} > n_k$ mit

$$\sum\limits_{1 \leq l < k+1} \sum\limits_{i \in M_{n_l}} |\langle \eta'_{n_{k+1},i}, \zeta_{l,i} \rangle| < \varepsilon/2 \,.$$

Also gilt (6) für n_{k+1}. Wegen (4) und $L_{n_{k+1}} \subseteq K_{k+1}$ folgt die Existenz normierter Vektoren $\zeta_{k+1,i} \in E_i$, $i \in K_{k+1}$, mit $\sum_{i \in K_{k+1}} \langle \eta'_{n_{k+1},i}, \zeta_{k+1,i} \rangle > \varepsilon$. Also gilt auch (5). Wir definieren nun $(\zeta_i)_{i \in I} = z \in l^I_\infty(E_i)$ wie folgt:

$$\zeta_i := \begin{cases} \zeta_{k,i} & \text{falls} \quad i \in K_k, \quad k \in \mathbb{N}, \\ 0 & \text{sonst.} \end{cases}$$

Für jedes $k \in \mathbb{N}$ gilt dann:

$$\begin{aligned} |\langle y'_{n_k}, z \rangle| &= \left| \sum\limits_{i \in M_{n_k}} \langle \eta'_{n_k,i}, \zeta_i \rangle \right| \\ &\geqq \left| \sum\limits_{i \in K_k} \langle \eta'_{n_k,i}, \zeta_{k,i} \rangle \right| - \sum\limits_{1 \leq l < k} \sum\limits_{i \in M_{n_l}} |\langle \eta'_{n_k,i}, \zeta_{l,i} \rangle| \\ &> \varepsilon - \varepsilon/2 = \varepsilon/2 \,. \end{aligned}$$

Dies steht im Widerspruch zu der Tatsache, daß $(y'_n)_{n \in \mathbb{N}}$ eine $\sigma(l^I_1(E'_i), l^I_\infty(E_i))$-Nullfolge ist. $\square$

Beweis von Theorem 11.1: Setze $E := l^I_\infty(E_i)$ und $F := c^I_0(E_i)$. Die Operatoren S, R und $Q = S \circ R$ seien wie auf S. 57 definiert. Dann ist $P := Id - Q$ eine Projektion von E' auf F^0. Da $S: l^I_1(E'_i) \to (l^I_\infty(E_i))'$ stetig ist für die schwachen Topologien ([54, IV.7.4]), folgt aus 11.4 und 11.5, daß $Q = Id - P$ eine $\sigma(E', E) - \sigma(E', E'')$-folgenstetige Projektion ist. Die Behauptung ergibt sich dann aus Theorem 11.2. $\square$

In Korollar 8.4 haben wir gesehen, daß für jede Folge $(E_n)_{n \in \mathbb{N}}$ von AM-Räumen mit Einheit der Banachverband $l^{\mathbb{N}}_\infty(E_n)/c^{\mathbb{N}}_0(E_n)$ die Grothendieck-Eigenschaft besitzt. Aus Theorem 11.1 ergibt sich dann:

11.6 Korollar. Sei $(E_n)_{n \in \mathbb{N}}$ eine Folge von AM-Räumen mit Einheit, welche die Grothendieck-Eigenschaft besitzen. Dann ist $l_\infty^{\mathbb{N}}(E_n)$ ein Grothendieck-Raum.

Allgemeiner würde nach Satz 8.3 und Bemerkung 4 von § 8 sogar gelten:

Ist $(E_n)_{n \in \mathbb{N}}$ eine Folge von Banachverbänden, so daß $l_\infty^{\mathbb{N}}(E_n)/c_0^{\mathbb{N}}(E_n)$ eine Ordnungseinheit besitzt, dann ist $l_\infty^{\mathbb{N}}(E_n)/c_0^{\mathbb{N}}(E_n)$ ein Grothendieck-Raum. Besitzt darüber hinaus jedes E_n die Grothendieck-Eigenschaft, so ist auch $l_\infty^{\mathbb{N}}(E_n)$ ein Grothendieck-Raum.

Daß diese scheinbare Verallgemeinerung im wesentlichen doch nicht mehr liefert als die Korollare 8.4 und 11.6, zeigt der nachfolgende Satz.

11.7 Satz. Sei $(E_i)_{i \in I}$ eine unendliche Familie von Banachverbänden und es besitze $(l_\infty^I(E_i)/c_0^I(E_i))_+$ einen quasi-inneren Punkt $\hat{z}$. Dann ist $\hat{z}$ eine Ordnungseinheit. Genauer existieren eine Menge $J \subseteq I$ mit endlichem Komplement in I, kompakte Räume $(K_j)_{j \in J}$ und surjektive Verbandsisomorphismen $T_j : E_j \to C(K_j)$, $j \in J$, mit $\sup_{j \in J} \|T_j\| \cdot \|T_j^{-1}\| < \infty$. Insbesondere ist dann $l_\infty^I(E_i)$ verbandsisomorph zu $l_\infty^{I \setminus J}(E_i) \times l_\infty^J(C(K_j))$.

Der Beweis dieses Satzes ist in Appendix E zu finden. Aus den Sätzen 9.8 und 11.7 erhalten wir sofort das nachstehende Korollar.

11.8 Korollar. Sei $(p_n)_{n \in \mathbb{N}}$ eine Folge in $[1, \infty)$. Die folgenden Aussagen sind äquivalent:
 (i) $l_\infty^{\mathbb{N}}(l_{p_n}^n)$ besitzt eine Ordnungseinheit.
 (ii) $l_\infty^{\mathbb{N}}(l_{p_n}^n)$ ist verbandsisomorph zu einem AM-Raum.
 (iii) $\overline{\lim}_n n^{1/p_n} < \infty$.
 (iv) $(l_\infty^{\mathbb{N}}(l_{p_n}^n)/c_0^{\mathbb{N}}(l_{p_n}^n))_+$ besitzt einen quasi-inneren Punkt.
 (v) $l_\infty^{\mathbb{N}}(l_{p_n}^n)_+$ besitzt einen quasi-inneren Punkt.

Ebenfalls aus Satz 11.7 erhalten wir eine Charakterisierung von Banachverbänden, welche eine Ordnungseinheit besitzen.

11.9 Korollar. Für einen Banachverband E sind die folgenden Aussagen äquivalent:
 (i) E besitzt eine Ordnungseinheit.
 (ii) Es existiert eine unendliche Menge I, so daß $l_\infty^I(E)_+$ einen quasi-inneren Punkt besitzt.
 (iii) Es existiert eine unendliche Menge I, so daß $(l_\infty^I(E)/c_0^I(E))_+$ einen quasi-inneren Punkt besitzt.

Die Implikation von (i) nach (ii) ist für beliebige Familien von Banachverbänden im allgemeinen nicht richtig. Genauer:
Ist $(E_i)_{i \in I}$ eine unendliche Familie von Banachverbänden und besitzt jedes E_i eine Ordnungseinheit, so braucht weder $l_\infty^I(E_i)_+$ noch $(l_\infty^I(E_i)/c_0^I(E_i))_+$ einen quasi-

inneren Punkt zu besitzen. Dies ist zum Beispiel der Fall für $I = \mathbb{N}$ und $E_n = l_{p_n}^n$, wo $(p_n)_{n \in \mathbb{N}}$ eine Folge in $[1, \infty)$ ist mit $\overline{\lim}_n n^{1/p_n} = \infty$ (siehe Kor. 11.8). .

Wir wollen uns nun der Quotientenbildung bei Räumen vom Typ $l_\infty^I(E_i)$ bzw. $l_\infty^I(E_i)/c_0^I(E_i)$ zuwenden. Und zwar interessieren wir uns hier nur für Quotienten, die wieder eine l_∞-direkte Summe bzw. ein $\mathscr{F}$-Produkt einer Familie von Banachräumen sind.

Fortan sei $(E_i)_{i \in I}$ eine unendliche Familie von Banachräumen. Ist $\mathscr{F}$ ein Filter auf I, der feiner ist als der Fréchet-Filter $\mathscr{F}_0$, so ist $l_\infty^I(E_i)/c_0^{\mathscr{F}}(E_i)$ das Bild von $l_\infty^I(E_i)/c_0^I(E_i)$ unter einer stetigen, linearen Abbildung, und falls jedes E_i ein Banachverband ist, kann diese Abbildung sogar als Verbandshomomorphismus gewählt werden. Die Abbildung, welche dies leistet, ist gegeben durch

$$Q: l_\infty^I(E_i)/c_0^I(E_i) \to l_\infty^I(E_i)/c_0^{\mathscr{F}}(E_i): x + c_0^I(E_i) \to x + c_0^{\mathscr{F}}(E_i), \; x \in l_\infty^I(E_i).$$

Daraus ergibt sich mit 1.6 sofort:

11.10 Satz. Sei $(E_i)_{i \in I}$ eine unendliche Familie von Banachräumen. Besitzt $l_\infty^I(E_i)/c_0^I(E_i)$ die Grothendieck-Eigenschaft, so ist auch $l_\infty^I(E_i)/c_0^{\mathscr{F}}(E_i)$ ein Grothendieck-Raum für jeden Filter $\mathscr{F}$ auf I, der feiner ist als der Fréchet-Filter $\mathscr{F}_0$.

Beispiel. 2. Ist $(E_n)_{n \in \mathbb{N}}$ eine Folge von *AM*-Räumen mit Einheit, so ist $l_\infty^{\mathbb{N}}(E_n)/c_0^{\mathscr{F}}(E_n)$ ein Grothendieck-Raum für jeden Filter $\mathscr{F}$ auf $\mathbb{N}$, der feiner ist als der Fréchet-Filter $\mathscr{F}_0$ (siehe Kor. 8.4).

Eine andere Form der Quotientenbildung ist wie folgt gegeben: $(E_i)_{i \in I}$ und $(F_i)_{i \in I}$ seien unendliche Familien von Banachräumen. Für jedes $i \in I$ existiere eine lineare Surjektion $T_i: E_i \to F_i$. Es bezeichne U_i bzw. V_i die abgeschlossene Einheitskugel von E_i bzw. F_i. Wir setzen

$$\alpha_i := \sup\{\lambda > 0: \lambda V_i \subseteq T_i U_i\}, \; i \in I.$$

Ist nun $\sup_i \| T_i \| < \infty$ und $\inf_i \alpha_i > 0$, so ist $T: l_\infty^I(E_i) \to l_\infty^I(F_i): (\xi_i)_{i \in I} \to (T_i \xi_i)_{i \in I}$ eine lineare Surjektion. Ist $\mathscr{F}$ ein Filter auf I, der feiner ist als der Fréchet-Filter $\mathscr{F}_0$, so ist wegen $T(c_0^{\mathscr{F}}(E_i)) \subseteq c_0^{\mathscr{F}}(F_i)$ durch $x + c_0^{\mathscr{F}}(E_i) \to Tx + c_0^{\mathscr{F}}(F_i)$, $x \in l_\infty^I(E_i)$, eine lineare Surjektion $T_{\mathscr{F}}$ von $l_\infty^I(E_i)/c_0^{\mathscr{F}}(E_i)$ auf $l_\infty^I(F_i)/c_0^{\mathscr{F}}(F_i)$ gegeben. Mit den Bezeichnungen von oben ergibt sich dann sofort der nachstehende Satz.

11.11 Satz. Seien $(E_i)_{i \in I}$ und $(F_i)_{i \in I}$ unendliche Familien von Banachräumen. Zu jedem $i \in I$ existiere eine lineare Surjektion $T_i: E_i \to F_i$. Es gelte $\inf_i \alpha_i > 0$ und $\sup_i \| T_i \| < \infty$. Besitzt $l_\infty^I(E_i)/c_0^{\mathscr{F}}(E_i)$ bzw. $l_\infty^I(E_i)$ die Grothendieck-Eigenschaft, so ist auch $l_\infty^I(F_i)/c_0^{\mathscr{F}}(F_i)$ bzw. $l_\infty^I(F_i)$ ein Grothendieck-Raum für jeden Filter $\mathscr{F}$ auf I, der feiner ist als der Fréchet-Filter $\mathscr{F}_0$.

Dieser Satz, zusammen mit Korollar 8.4 und Theorem 11.1, führt nun zu weiteren Beispielen von Grothendieck-Räumen vom Typ $l_\infty^{\mathbb{N}}(E_n)/c_0^{\mathscr{F}}(E_n)$ bzw. $l_\infty^{\mathbb{N}}(E_n)$.

Beispiele. 3. Ist E isomorph zu einem Quotienten eines AM-Raumes mit Einheit, so besitzt der Raum $l_\infty^{\mathbb{N}}(E)/c_0^{\mathscr{F}}(E)$ die Grothendieck-Eigenschaft für jeden Filter $\mathscr{F}$ auf $\mathbb{N}$, der feiner ist als der Fréchet-Filter $\mathscr{F}_0$. Die nachstehend angeführten Beispiele von Banachräumen sind sämtlich isomorph zu Quotienten von Räumen $C(K)$, K kompakt:

(a) Alle separablen Lindenstrauss-Räume, d. h. alle separablen Banachräume, deren Dual isometrisch isomorph ist zu einem AL-Raum ([29]); insbesondere also alle separablen AM-Räume.

(b) Die Räume $L_p[0,1]$ und l_p für $2 \leqq p \leqq \infty$ ([38, 2.f.5], [37, 2.b.3], [3, S. 146, Prop. 4]).

(c) Alle injektiven Banachräume ([37, 2.f.2]).

Insbesondere ergibt sich, daß der Raum $l_\infty^{\mathbb{N}}(c_0)/c_0^{\mathscr{F}}(c_0)$ die Grothendieck-Eigenschaft besitzt.

 4. Die in [29] konstruierte Abbildung T_E von $C(\Delta)$ (Δ die Cantor-Menge) auf einen separablen Lindenstrauss-Raum E bildet die Einheitskugel eines dichten Teilraums von $C(\Delta)$ auf die Einheitskugel eines dichten Teilraums von E ab. Nach Satz 11.11 und Korollar 8.4 besitzt daher für jede Folge $(E_n)_{n\in\mathbb{N}}$ separabler Lindenstrauss-Räume der Raum $l_\infty^{\mathbb{N}}(E_n)/c_0^{\mathscr{F}}(E_n)$ die Grothendieck-Eigenschaft.

 5. Mit Theorem 11.1 folgt aus Beispiel 3, daß $l_\infty^{\mathbb{N}}(E)$ die Grothendieck-Eigenschaft besitzt, falls E ein injektiver Banachraum oder einer der Räume $L_p[0,1]$ bzw. l_p, $2 \leqq p \leqq \infty$, ist.

Wir hatten gesehen (Beispiel 2), daß für jede Folge $(E_n)_{n\in\mathbb{N}}$ von AM-Räumen mit Einheit und für jeden Filter $\mathscr{F}$ auf $\mathbb{N}$, der feiner ist als der Fréchet-Filter $\mathscr{F}_0$, der Raum $l_\infty^{\mathbb{N}}(E_n)/c_0^{\mathscr{F}}(E_n)$ die Grothendieck-Eigenschaft besitzt. Es erhebt sich nun die Frage, ob derselbe Schluß für beliebige unendliche Indexmengen I richtig bleibt. Setzen wir die Existenz meßbarer Kardinalzahlen voraus, so können wir zeigen, daß sich obiges Resultat nicht auf beliebige Indexmengen verallgemeinern läßt. Dabei nennt man eine Kardinalzahl m *meßbar*, falls gilt:

Ist I eine Menge mit Kardinalität m, so existiert auf der Potenzmenge von I ein von Null verschiedenes, $\{0,1\}$-wertiges, abzählbar additives Maß μ mit $\mu(\{i\}) = 0$ für alle $i\in I$.

Dies ist äquivalent dazu, daß auf I ein freier Ultrafilter $\mathscr{U}$ existiert mit der abzählbaren Durchschnittseigenschaft, d. h. für jede Folge $(U_n)_{n\in\mathbb{N}}$ in $\mathscr{U}$ gilt $\bigcap{}_n U_n \in \mathscr{U}$ ([25, 12.2]).

 Daß es nicht unnatürlich ist, die Existenz meßbarer Kardinalzahlen vorauszusetzen, wird von J. R. Shoenfield in einem Übersichtsartikel über meßbare Kardinalzahlen diskutiert ([60]).

 Wir kommen nun zu unserem Gegenbeispiel.

11.12 Satz. Ist I eine Menge mit meßbarer Kardinalität, so besitzt für jeden freien Ultrafilter $\mathscr{U}$ auf I mit der abzählbaren Durchschnittseigenschaft der Raum

$l_\infty^I(c_0)/c_0^{\mathscr{U}}(c_0)$ einen zu c_0 isomorphen Quotienten. Damit folgt, daß für jeden Banachraum E mit einem zu c_0 isomorphen Quotienten der Raum $l_\infty^I(E)/c_0^I(E)$ nicht die Grothendieck-Eigenschaft besitzt.

Beweis. Sei $\mathscr{U}$ ein freier Ultrafilter auf I, welcher die abzählbare Durchschnittseigenschaft besitzt. Weiter sei $(\xi_i)_{i\in I} = x \in l_\infty^I(c_0)$. Jedes ξ_i schreiben wir als Folge $(\xi_{i,n})_{n\in\mathbb{N}}$. Für $n\in\mathbb{N}$ definieren wir $\eta_{x,n} := \lim_{\mathscr{U}} \xi_{i,n}$. Die Folge $(\eta_{x,n})_{n\in\mathbb{N}}$ konvergiert gegen Null:
Angenommen, dies ist nicht der Fall. Dann existieren $\varepsilon > 0$ und eine unendliche Menge $M \subseteq \mathbb{N}$ mit $|\eta_{x,n}| > \varepsilon$ für alle $n\in M$. Zu jedem $n\in M$ existiert nun ein $U_n \in \mathscr{U}$ mit $|\xi_{i,n}| > \varepsilon$ für alle $i\in U_n$. Nach Voraussetzung ist $U := \bigcap_{n\in M} U_n \in \mathscr{U}$. Ist $i\in U$, so gilt $|\xi_{i,n}| > \varepsilon$ für alle $n\in M$, also kann ξ_i kein Element von c_0 sein. Dies ist ein Widerspruch.
Ist $(\xi_i)_{i\in I} = x$ aus $c_0^{\mathscr{U}}(c_0)$, so gilt

$$0 \leq |\eta_{x,n}| = \lim_{\mathscr{U}} |\xi_{i,n}| \leq \lim_{\mathscr{U}} \|\xi_i\| = 0.$$

Also ist $\eta_{x,n} = 0$ für alle $n\in\mathbb{N}$.
Wir definieren nun einen Operator $T\colon l_\infty^I(c_0)/c_0^{\mathscr{U}}(c_0) \to c_0$ durch $T(x + c_0^{\mathscr{U}}(c_0)) := (\eta_{x,n})_{n\in\mathbb{N}}$. T ist wohldefiniert, linear und es ist $\|T\| = 1$. Ist $\eta \in c_0$ und setzen wir $x = (\xi_i)_{i\in I}$ mit $\xi_i := \eta$ für alle $i\in I$, so gilt $T(x + c_0^{\mathscr{U}}(c_0)) = \eta$. Dies zeigt, daß T surjektiv ist. c_0 ist somit isomorph zu einem Quotienten von $l_\infty^I(c_0)/c_0^{\mathscr{U}}(c_0)$. Ist c_0 Quotient eines Banachraumes E, so folgt mit den Sätzen 11.10 und 11.11, daß auch $l_\infty^I(E)/c_0^I(E)$ einen zu c_0 isomorphen Quotienten besitzt. $l_\infty^I(E)/c_0^I(E)$ kann daher kein Grothendieck-Raum sein (1.8). $\square$

Wir kommen nun zu einer letzten Bedingung, welche die Grothendieck-Eigenschaft für Räume vom Typ $l_\infty^{\mathbb{N}}(E_n)$ bzw. $l_\infty^{\mathbb{N}}(E_n)/c_0^{\mathscr{F}}(E_n)$ garantiert. Den Hintergrund hierfür bildet Beispiel 4 von § 10.

11.13 Satz. Es seien $(E_n)_{n\in\mathbb{N}}$ eine Folge von Banachverbänden und $c > 0$ eine reelle Zahl. Für jede normierte, orthogonale Folge $(x_n)_{n\in\mathbb{N}}$ in $(E_m)_+$, $m\in\mathbb{N}$, existiere ein Element $z_m \in E_m$ mit $\|z_m\| \leq c$, so daß z_m eine Teilfolge von $(x_n)_{n\in\mathbb{N}}$ majorisiert. Ist dann $\mathscr{F}$ ein Filter auf $\mathbb{N}$, der feiner ist als der Fréchet-Filter, so besitzt $l_\infty^{\mathbb{N}}(E_n)/c_0^{\mathscr{F}}(E_n)$ die Grothendieck-Eigenschaft. Ist darüber hinaus jedes E_n ein Grothendieck-Raum, so besitzt auch $l_\infty^{\mathbb{N}}(E_n)$ die Grothendieck-Eigenschaft.

Beweis. Der erste Teil des Satzes wurde bereits in § 10, Beispiel 4, bewiesen. Der zweite Teil des Satzes folgt aus dem ersten unter Verwendung von Theorem 11.1. $\square$

Ist $(E_n)_{n\in\mathbb{N}}$ eine Folge von σ-ordnungsvollständigen AM-Räumen mit Einheit und bezeichnet F_n ein σ-Ideal in E_n, so sind die Voraussetzungen von Satz 11.13 mit $c = 1$ erfüllt. Da F_n für jedes $n\in\mathbb{N}$ ein Grothendieck-Raum ist (siehe § 10, Bsp. 3), gilt:

11.14 Korollar. Sei $(E_n)_{n \in \mathbb{N}}$ eine Folge von σ-ordnungsvollständigen *AM*-Räumen mit Einheit. F_n sei ein σ-Ideal in E_n, $n \in \mathbb{N}$. Dann besitzt $l_\infty^{\mathbb{N}}(F_n)$ die Grothendieck-Eigenschaft.

Appendix A. Der Folgenraum c_0

Sei E ein Banachraum. Eine Folge $(x_n)_{n \in \mathbb{N}}$ in E heißt *äquivalent zur kanonischen c_0-Basis*, falls gilt:
Es existieren Konstanten $s_1, s_2 > 0$, so daß bei jeder Wahl endlich vieler reeller Zahlen $(\alpha_k)_{1 \leq k \leq n}$, $n \in \mathbb{N}$, die Beziehung

$$s_1 \sup_{1 \leq k \leq n} |\alpha_k| \leq \left\| \sum_{1 \leq k \leq n} \alpha_k x_k \right\| \leq s_2 \sup_{1 \leq k \leq n} |\alpha_k|$$

gilt.

Die abgeschlossene lineare Hülle $\overline{\lin}\{x_n : n \in \mathbb{N}\} \subseteq E$ von $\{x_n : n \in \mathbb{N}\}$ ist dann ein zu c_0 isomorpher Teilraum von E. Ist E zusätzlich ein Banachverband und die Folge $(x_n)_{n \in \mathbb{N}}$ positiv und orthogonal, so ist $\overline{\lin}\{x_n : n \in \mathbb{N}\}$ ein zu c_0 verbandsisomorpher, abgeschlossener Untervektorverband von E. Eine Folge $(x_n)_{n \in \mathbb{N}}$ in E heißt *schwach absolut summierbar*, wenn $\sum_n |\langle x', x_n \rangle| < \infty$ ist für jedes $x' \in E'$. Ein Resultat von C. BESSAGA und A. PEŁCZYŃSKI ([4, Thm. 5]) besagt nun:

A.1 Theorem. Sei E ein Banachraum (Banachverband). E enthält genau dann einen zu c_0 isomorphen Teilraum (verbandsisomorphen, abgeschlossenen Untervektorverband), wenn eine schwach absolut summierbare (positive, orthogonale, schwach absolut summierbare) Folge $(x_n)_{n \in \mathbb{N}}$ in E existiert mit $\inf_n \|x_n\| > 0$. In dieser Situation ist dann eine Teilfolge $(x_{n_k})_{k \in \mathbb{N}}$ von $(x_n)_{n \in \mathbb{N}}$ äquivalent zur kanonischen c_0-Basis.

Als Folgerung aus Theorem A.1 erhalten wir das nachstehende Korollar.

A.2 Korollar. Sei E ein Banachraum (Banachverband). Weiter seien F ein Banachraum und $T \in L(E, F)$. Genau dann gibt es in E einen zu c_0 isomorphen Teilraum (verbandsisomorphen, abgeschlossenen Untervektorverband) G derart, daß $T_{|G}$ ein Isomorphismus ist, wenn eine schwach absolut summierbare (positive, orthogonale, schwach absolut summierbare) Folge $(x_n)_{n \in \mathbb{N}}$ in E existiert mit $\inf_n \|Tx_n\| > 0$. In dieser Situation gibt es eine Teilfolge $(x_{n_k})_{k \in \mathbb{N}}$ von $(x_n)_{n \in \mathbb{N}}$, so daß $(x_{n_k})_{k \in \mathbb{N}}$ und $(Tx_{n_k})_{k \in \mathbb{N}}$ äquivalent sind zur kanonischen c_0-Basis. Der Teilraum $G := \overline{\lin}\{x_{n_k} : k \in \mathbb{N}\}$ leistet dann das Gewünschte.

Das nachstehende Resultat ist eine Folgerung aus A.1 und dem Lemma von PHILLIPS (1.2).

A.3 Korollar. Es seien E ein Banachraum und $T \in L(E', c_0)$ surjektiv. Dann existiert keine schwach absolut summierbare Folge $(x'_n)_{n \in \mathbb{N}}$ in E' mit $Tx'_n = e_n$ für jedes $n \in \mathbb{N}$ (dabei bezeichnet e_n den n-ten kanonischen Einheitsvektor in c_0). Insbesondere kann E' keinen komplementierten, zu c_0 isomorphen Teilraum enthalten.

Beweis. Angenommen, es existiert eine schwach absolut summierbare Folge $(x_n')_{n \in \mathbb{N}}$ in E' mit $Tx_n' = e_n$ für jedes $n \in \mathbb{N}$. Es bezeichne f_n den n-ten kanonischen Einheitsvektor in $l_1 = (c_0)'$. Dann gilt $\langle x_m', T'f_n \rangle = \langle Tx_m', f_n \rangle = \delta_{nm}$ für $n, m \in \mathbb{N}$. Weiter ist $\lim_n \langle x', T'f_n \rangle = 0$ für jedes $x' \in E'$. Wir definieren nun $\lambda_n \in ba(\mathbb{N})$ (siehe 1.2) durch $\lambda_n(M) := \langle x_M', T'f_n \rangle$, $M \subseteq \mathbb{N}$, wo x_M' der $\sigma(E', E)$-Limes der Reihe $\sum_{m \in M} x_m'$ ist. Es gilt $\lim_n \lambda_n(M) = 0$ für jedes $M \subseteq \mathbb{N}$. Mit dem Lemma von PHILLIPS (1.2) folgt dann

$$0 = \lim_n \sum_m |\lambda_n(\{m\})| = \lim_n \sum_m |\langle x_m', T'f_n \rangle| = 1.$$

Dies ist offensichtlich ein Widerspruch. $\square$

Appendix B. Der Folgenraum l_1

Sei E ein Banachraum. Eine Folge $(x_n)_{n \in \mathbb{N}}$ in E heißt *äquivalent zur kanonischen l_1-Basis*, falls gilt:
Es existieren Konstanten $s_1, s_2 > 0$, so daß bei jeder Wahl endlich vieler reeller Zahlen $(\alpha_k)_{1 \leq k \leq n}$, $n \in \mathbb{N}$, die Beziehung

$$s_1 \sum_{1 \leq k \leq n} |\alpha_k| \leq \left\| \sum_{1 \leq k \leq n} \alpha_k x_k \right\| \leq s_2 \sum_{1 \leq k \leq n} |\alpha_k|$$

gilt.

Dann ist $\overline{\mathrm{lin}}\{x_n : n \in \mathbb{N}\} \subseteq E$ ein zu l_1 isomorpher Teilraum von E. Ist E zusätzlich ein Banachverband und die Folge $(x_n)_{n \in \mathbb{N}}$ positiv und orthogonal, so ist $\overline{\mathrm{lin}}\{x_n : n \in \mathbb{N}\}$ ein zu l_1 verbandsisomorpher, abgeschlossener Untervektorverband von E. Ein fundamentales Resultat von H. P. ROSENTHAL ([51]) charakterisiert diejenigen beschränkten Folgen in einem Banachraum, welche eine Teilfolge äquivalent zur kanonischen l_1-Basis enthalten:

B.1 Theorem. Es seien E ein Banachraum und $(x_n)_{n \in \mathbb{N}}$ eine beschränkte Folge in E. Dann besitzt $(x_n)_{n \in \mathbb{N}}$ eine Teilfolge $(x_{n_k})_{k \in \mathbb{N}}$, für die genau eine der beiden folgenden Aussagen zutrifft:
(i) $(x_{n_k})_{k \in \mathbb{N}}$ ist äquivalent zur kanonischen l_1-Basis.
(ii) $(x_{n_k})_{k \in \mathbb{N}}$ ist eine $\sigma(E, E')$-Cauchyfolge.

Als Folgerung aus Theorem B.1 ergibt sich:

B.2 Korollar. Sei E ein Banachraum. Weiter seien F ein schwach folgenvollständiger Banachraum und $T \in L(E, F)$ ein nicht schwach kompakter Operator. Dann existiert in E ein zu l_1 isomorpher Teilraum G derart, daß $T_{|G}$ ein Isomorphismus ist.

Beweis. Da F ein schwach folgenvollständiger Banachraum und T ein nicht schwach kompakter Operator ist, folgt mit Hilfe des Satzes von EBERLEIN die Existenz einer beschränkten Folge $(x_n)_{n\in\mathbb{N}}$ in E, so daß keine Teilfolge von $(Tx_n)_{n\in\mathbb{N}}$ eine $\sigma(F,F')$-Cauchyfolge ist. Dann kann keine Teilfolge von $(x_n)_{n\in\mathbb{N}}$ eine $\sigma(E,E')$-Cauchyfolge sein. Nach Theorem B.1 existiert eine Teilfolge $(x_{n_k})_{k\in\mathbb{N}}$ von $(x_n)_{n\in\mathbb{N}}$ derart, daß $(x_{n_k})_{k\in\mathbb{N}}$ und $(Tx_{n_k})_{k\in\mathbb{N}}$ äquivalent sind zur kanonischen l_1-Basis. Der Teilraum $G := \overline{\mathrm{lin}}\{x_{n_k}: k\in\mathbb{N}\}$ leistet dann das Gewünschte. $\square$

Appendix C. Die reziproke Dunford-Pettis-Eigenschaft

Sei E ein Banachraum. Wir sagen, E besitzt die *reziproke Dunford-Pettis-Eigenschaft* (kurz die reziproke DPE), falls jeder Operator T von E in einen Banachraum F, der schwache Nullfolgen in Normnullfolgen abbildet, schwach kompakt ist.

Mehr über Banachräume mit der reziproken DPE, insbesondere über die Beziehung zwischen der reziproken DPE und der in § 3 eingeführten Eigenschaft (V), findet man in [36]. In Banachverbänden läßt sich die reziproke DPE in sehr einfacher und vielfältiger Weise charakterisieren (vgl. [32, Satz]):

C.1 Satz. Sei E ein Banachverband. Dann sind die folgenden Aussagen äquivalent:

  (i) E besitzt die reziproke DPE.

 (ii) E' enthält keinen Teilraum isomorph zu c_0.

(iii) E enthält keinen komplementierten, zu l_1 isomorphen Teilraum.

(iv) E enthält keinen abgeschlossenen Untervektorverband, verbandsisomorph zu l_1.

 (v) Jede normbeschränkte, orthogonale Folge in E ist eine schwache Nullfolge.

(vi) Jeder Operator T von E in einen Banachraum F, der orthogonale, schwache Nullfolgen aus E in Normnullfolgen abbildet, ist schwach kompakt.

Beweisskizze. (i) $\Rightarrow$ (ii): Sei $(x'_n)_{n\in\mathbb{N}}$ eine schwach absolut summierbare Folge in E'. Definiere $T\in L(E, l_1)$ durch $x\to(\langle x'_n, x\rangle)_{n\in\mathbb{N}}$, $x\in E$. Da l_1 die Schur-Eigenschaft besitzt ([3, S. 116, Prop. 3]), bildet T schwache Nullfolgen in Normnullfolgen ab. Also ist T schwach kompakt und wegen der Schur-Eigenschaft von l_1 sogar kompakt. Ist $(e_n)_{n\in\mathbb{N}}$ die Folge der kanonischen Einheitsvektoren (in l_∞), so folgt wegen $T'e_n = x'_n$ und der Kompaktheit von T', daß $(x'_n)_{n\in\mathbb{N}}$ eine Nullfolge ist. Mit Theorem A.1 ergibt sich dann Aussage (ii).

Die Äquivalenz von (ii) und (iii) wurde von C. BESSAGA und A. PEŁCZYŃSKI nachgewiesen ([4, Thm. 4]). Da jeder abgeschlossene, zu l_1 verbandsisomorphe Untervektorverband in E komplementierbar ist ([40, Kor. 15]), erhalten wir (iii) $\Rightarrow$ (iv). Die Implikation (iv) $\Rightarrow$ (v) wurde von B. KÜHN ([32, Hilfssatz 2]) nachgewiesen.

(v) $\Rightarrow$ (vi): Ist $T \in L(E, F)$ wie in (vi), so bildet T' die Einheitskugel von F' ab in eine L-schwach kompakte Menge und damit in eine relativ $\sigma(E', E'')$-kompakte Menge (siehe Satz 9.1). Also ist T schwach kompakt.

Die Implikation (vi) $\Rightarrow$ (i) ist trivial. $\square$

Sei E ein Banachverband. Dann folgt aus Aussage (ii) von Satz C.1, daß E' ein KB-Raum ([56, II.5.15]) oder, äquivalent dazu, daß E' schwach folgenvollständig ist ([56, II.10.6]). Dies wiederum impliziert, daß c_0 kein Teilraum von E' sein kann. Andererseits ist E' genau dann ein KB-Raum, wenn E' ordnungsstetige Norm besitzt (dies folgt aus [56, II.5.11] und der Tatsache, daß jede normbeschränkte, monoton wachsende Folge in E' ein Supremum besitzt). Aus diesen Beobachtungen und [56, II.5.10] ergibt sich dann:

C.2 Satz. Für einen Banachverband E sind die folgenden Aussagen äquivalent:
 (i) E besitzt die reziproke DPE.
 (ii) E' ist schwach folgenvollständig.
 (iii) E' besitzt ordnungsstetige Norm.
 (iv) $E'' = E'^n$.

Aus Satz C.2 folgt sofort, daß jeder AM-Raum die reziproke DPE besitzt. Denn für jeden AM-Raum E ist E' ein AL-Raum ([56, II.9.1]), und jeder AL-Raum besitzt ordnungsstetige Norm ([56, II.8.3]).

Appendix D. Der Beweis von Satz 9.8

Zunächst möchten wir noch einmal die Aussage von Satz 9.8 wiederholen.

D.1 Satz. Sei $(p_n)_{n \in \mathbb{N}}$ eine Folge im Intervall $[1, \infty)$. Gilt $\overline{\lim}_n n^{1/p_n} = \infty$, so ist $l_\infty^{\mathbb{N}}(l_{p_n}^n)$ nicht isomorph zu einem komplementierten Teilraum eines AM-Raumes. Gilt $\underline{\lim}_n n^{1/p_n} < \infty$, so ist $l_\infty^{\mathbb{N}}(l_{p_n}^n)$ verbandsisomorph zu l_∞. Ist $p_n > 2$ für alle bis auf endlich viele $n \in \mathbb{N}$, so ist $l_\infty^{\mathbb{N}}(l_{p_n}^n)$ isomorph zu einem Quotienten von l_∞.

Für den ersten Teil des Beweises benötigen wir den Begriff der sogenannten Projektionskonstante. Ist X ein Banachraum, so existiert eine Menge I und eine Isometrie j von X in l_∞^I. Als *Projektionskonstante* von X bezeichnet man die Zahl

$$\gamma(X) := \inf \{ \| P \| : P \text{ ist Projektion von } l_\infty^I \text{ auf } jX \}.$$

Die Zahl $\gamma(X)$ ist unabhängig von der Wahl der Menge I und der Isometrie j ([61, S. 223]). Nach einem Resultat von D. Rutovitz ([52, Thm. 3]) gilt:

(1)   Für $p \geq 2$ ist $\gamma(l_p^n) \geq (2/\pi)^{1/2} n^{1/p}$ für jedes $n \in \mathbb{N}$.

Diese Beziehung werden wir nun für den Beweis des ersten Teils von Satz D.1 ausnützen.

Beweis von Satz D.1. Es sei $\overline{\lim}_n n^{1/p_n} = \infty$. Angenommen, $E := l_\infty^n(l_{p_n}^n)$ ist isomorph zu einem komplementierbaren Teilraum G_1 eines *AM*-Raumes G. Da E ein dualer Banachraum ist, muß G_1 (aufgefaßt als Teilraum von G_1'' vermöge der kanonischen Einbettung) komplementierbar sein in G_1''. Weiter ist G_1'' isomorph zu einem komplementierbaren Teilraum von G''. Es existiert eine Menge I, so daß G'' isometrisch isomorph ist zu einem Teilraum von l_∞^I. Nach [56, II.7.10, Cor. 1] ist G'' als ordnungsvollständiger *AM*-Raum mit Einheit komplementierbar in l_∞^I. Zusammenfassend ergibt sich nun: E ist isomorph zu einem komplementierbaren Teilraum F von l_∞^I. Es bezeichne T einen Isomorphismus von E auf F und R eine Projektion von l_∞^I auf F.

Wir definieren $P_m: E \to E: (\xi_n)_{n\in\mathbb{N}} \to P_m((\xi_n)_{n\in\mathbb{N}}) = (\eta_n)_{n\in\mathbb{N}}$ durch $\eta_n := \xi_n$ für $n = m$ und $\eta_n := 0$ für $n \neq m$, $n, m \in \mathbb{N}$. Es sei $F_m := T(P_m E)$, $m \in \mathbb{N}$. Dann ist für jedes $m \in \mathbb{N}$ die Abbildung $T \circ P_m \circ T^{-1} \circ R$ eine Projektion von l_∞^I auf F_m. Wegen $\|P_m\| = 1$ existiert eine Konstante $c > 0$ mit $\gamma(F_m) \leq c$ für alle $m \in \mathbb{N}$. Andererseits können wir mit Hilfe von T zu jedem $m \in \mathbb{N}$ Isomorphismen T_m von F_m auf $l_{p_m}^m$ finden mit $\|T_m\|\,\|T_m^{-1}\| \leq \|T\|\,\|T^{-1}\| =: a$. Nach einem Resultat von D. RUTOVITZ ([52, Lemma 1]) gilt dann $\gamma(l_{p_m}^m) \leq a \cdot \gamma(F_m)$ für jedes $m \in \mathbb{N}$. Daraus folgt schließlich $\gamma(l_{p_m}^m) \leq a \cdot c$ für alle $m \in \mathbb{N}$. Dies steht im Widerspruch zu Beziehung (1) auf Seite 67.

Es gelte nun $\overline{\lim}_n n^{1/p_n} < \infty$. Für $z \in \mathbb{R}^n$ gilt stets die Beziehung $(n^{1/p_n})^{-1}\|z\|_{p_n} \leq \|z\|_\infty \leq \|z\|_{p_n}$. Damit folgt, daß die Räume $E = l_\infty^{\mathbb{N}}(l_{p_n}^n)$ und $l_\infty^{\mathbb{N}}(l_\infty^n)$ algebraisch identisch sind. Bezeichnet i die identische Abbildung von E nach $l_\infty^{\mathbb{N}}(l_\infty^n)$, so ist i ein Verbandsisomorphismus zwischen den Banachverbänden E und $l_\infty^{\mathbb{N}}(l_\infty^n)$. Weiter ist $l_\infty^{\mathbb{N}}(l_\infty^n)$ in kanonischer Weise verbandsisomorph zu l_∞. Damit folgt, daß E und l_∞ isomorph sind als Vektorverbände und wegen [56, II.5.3] sogar isomorph als Banachverbände.

Wir kommen nun zum Beweis der letzten Behauptung. Ohne Einschränkung können wir annehmen, daß $p_n > 2$ ist für jedes $n \in \mathbb{N}$. Sei $q_n \in \mathbb{R}_+$ mit $(1/p_n) + (1/q_n) = 1$. Es ist dann $1 < q_n < 2$ für jedes $n \in \mathbb{N}$. Nach [38, 2.f.5] existiert für jedes $n \in \mathbb{N}$ eine Isometrie T_n von $L_{q_n}[0,1]$ in $L_1[0,1]$. Weiter existieren Isometrien S_n von $l_{q_n}^n$ in $L_{q_n}[0,1]$. Somit existieren Isometrien R_n von $l_{q_n}^n$ in $L_1[0,1]$. Die Abbildung $R: l_1^{\mathbb{N}}(l_{q_n}^n) \to l_1^{\mathbb{N}}(L_1[0,1]): (\xi_n)_{n\in\mathbb{N}} \to (R_n\xi_n)_{n\in\mathbb{N}}$ ist dann eine Isometrie. Folglich ist R' eine Surjektion von $l_\infty^{\mathbb{N}}(L_\infty[0,1])$ auf $E = (l_1^{\mathbb{N}}(l_{q_n}^n))' = l_\infty^{\mathbb{N}}(l_{p_n}^n)$ ([64, 11-3-4]). Da $L_\infty[0,1]$ und l_∞ isomorph sind als Banachräume ([37, S. 111, Remark]), folgt, daß E stetiges, lineares Bild von $l_\infty^{\mathbb{N}}(l_\infty)$ ist. $l_\infty^{\mathbb{N}}(l_\infty)$ wiederum ist aber isomorph zu l_∞. $\square$

Appendix E. Der Beweis von Satz 11.7

Zunächst wiederholen wir noch einmal die Aussage von Satz 11.7.

E.1 Satz. Sei $(E_i)_{i\in I}$ eine unendliche Familie von Banachverbänden und es besitze $(l_\infty^I(E_i)/c_0^I(E_i))_+$ einen quasi-inneren Punkt $\hat{z}$. Dann ist $\hat{z}$ eine Ordnungseinheit.

Genauer existieren eine Menge $J \subseteq I$ mit endlichem Komplement in I, kompakte Räume $(K_j)_{j \in J}$ und surjektive Verbandsisomorphismen $T_j\colon E_j \to C(K_j)$, $j \in J$, mit $\sup_{j \in J} \| T_j \| \cdot \| T_j^{-1} \| < \infty$. Insbesondere ist dann $l_\infty^I(E_i)$ verbandsisomorph zu $l_\infty^{I \setminus J}(E_i) \times l_\infty^J(C(K_j))$.

Dem Beweis dieses Satzes schicken wir zwei Lemmata voraus. Das erste Lemma charakterisiert Ordnungseinheiten von Banachverbänden und im zweiten Lemma zeigen wir, daß unter den Voraussetzungen des Satzes alle bis auf endlich viele der Räume E_i eine Ordnungseinheit besitzen müssen.

E.2 Lemma. Sei E ein Banachverband. Für ein Element $z \in E_+$ sind die folgenden Aussagen äquivalent:
 (i) z ist eine Ordnungseinheit von E.
 (ii) Es existieren $\varepsilon > 0$ und $n_0 \in \mathbb{N}$, so daß $\| x - \inf(x, n_0 z) \| < 1 - \varepsilon$ ist für alle $x \in E_+$ mit $\| x \| \le 1$.

Beweis. Die Implikation (i) $\Rightarrow$ (ii) gilt offensichtlich.

(ii) $\Rightarrow$ (i): Es bezeichne U die abgeschlossene Einheitskugel von E und es sei $U_+ := U \cap E_+$. Wir definieren

$$B := (3\varepsilon^{-1} n_0 [-z, z])^0 \cap U^0 = \{x' \in U^0 \colon \langle |x'|, n_0 z \rangle \le \varepsilon/3 \}.$$

Sei nun $x' \in B \cap (E')_+$. Es existiert $x \in U_+$ mit $\langle x', x \rangle \ge \| x' \| - \varepsilon/3$. Damit folgt

$$\| x' \| \le \langle x', x \rangle + \varepsilon/3$$
$$= \langle x', x - \inf(x, n_0 z) \rangle + \langle x', \inf(x, n_0 z) \rangle + \varepsilon/3$$
$$\le \| x - \inf(x, n_0 z) \| + \langle x', n_0 z \rangle + \varepsilon/3$$
$$< 1 - \varepsilon + \varepsilon/3 + \varepsilon/3 = 1 - \varepsilon/3 \,.$$

Da B solid ist, gilt für jedes $x' \in B$ die Ungleichung $\| x' \| < 1 - \varepsilon/3$. Ist $y' \in (3\varepsilon^{-1} n_0 [-z, z])^0 \cap (E')_+$, so gilt ebenfalls $\| y' \| < 1 - \varepsilon/3$: Falls $\| y' \| \le 1$ ist, wurde dies bereits gezeigt. Ist nun $\| y' \| > 1$, so ist $z' := y'/\| y' \| \in (3\varepsilon^{-1} n_0 [-z, z])^0$ mit $\| z' \| = 1$. Andererseits müßte nach obigen Ausführungen dann $\| z' \| < 1 - \varepsilon$ gelten, was nicht sein kann.

Da $(3\varepsilon^{-1} n_0 [-z, z])^0$ solid ist, folgt $(3\varepsilon^{-1} n_0 [-z, z])^0 \subseteq U^0$. Daraus wiederum ergibt sich $U \subseteq 3\varepsilon^{-1} n_0 [-z, z]$, also ist z eine Ordnungseinheit. $\square$

E.3 Lemma. Sei $(E_i)_{i \in I}$ eine unendliche Familie von Banachverbänden. Weiter sei $(\zeta_i)_{i \in I} = z \in l_\infty^I(E_i)_+$ so, daß qz ein quasi-innerer Punkt von $(l_\infty^I(E_i)/c_0^I(E_i))_+$ ist (dabei bezeichnet q die kanonische Surjektion von $l_\infty^I(E_i)$ auf $l_\infty^I(E_i)/c_0^I(E_i)$). Dann existiert eine Menge $J \subseteq I$ mit endlichem Komplement in I, so daß ζ_j für jedes $j \in J$ eine Ordnungseinheit von E_j ist.

Beweis. Angenommen, die Behauptung ist falsch. Dann existiert eine unendliche Menge $H := \{i_n \colon n \in \mathbb{N}\} \subseteq I$, so daß für jedes $n \in \mathbb{N}$ das Element ζ_{i_n} keine Ordnungseinheit von E_{i_n} ist. Nach Lemma E.2 existiert zu jedem $n \in \mathbb{N}$ ein $\xi_n \in (E_{i_n})_+$ mit $\| \xi_n \| \le 1$ und $\| \xi_n - \inf(\xi_n, n \zeta_{i_n}) \| > 1/2$. Definiere $(\xi_i)_{i \in I} = x \in l_\infty^I(E_i)_+$ durch

$\xi_i := \xi_n$ falls $i = i_n$ ist für ein $n \in \mathbb{N}$ und $\xi_i := 0$ sonst. Ist $(\eta_i)_{i \in I} = y \in c_0^I(E_i)$, so gilt für jedes $n \in \mathbb{N}$

$$\| x - \inf(x, nz) + y \| \geq \sup_m \| \xi_{i_m} - \inf(\xi_{i_m}, n\zeta_{i_m}) + \eta_{i_m} \| .$$

Sei nun $m_0 \in \mathbb{N}$ so, daß $\| \eta_{i_m} \| < 1/4$ ist für alle $m \geq m_0$. Für jedes $n \in \mathbb{N}$ gilt dann

$$\| x - \inf(x, nz) + y \|$$
$$\geq \sup_{m \geq m_0} (\| \xi_m - \inf(\xi_m, n\zeta_{i_m}) \| - \| \eta_{i_m} \|)$$
$$\geq \sup_{m \geq m_0} \| \xi_m - \inf(\xi_m, n\zeta_{i_m}) \| - 1/4$$
$$> 1/2 - 1/4 = 1/4 .$$

Damit folgt $\| qx - \inf(qx, nqz) \| = \| q(x - \inf(x, nz)) \| \geq 1/4$ für alle $n \in \mathbb{N}$. Dies widerspricht der Tatsache, daß qz quasi-innerer Punkt von $(l_\infty^I(E_i)/c_0^I(E_i))_+$ ist. $\square$

Beweis von Satz E.1: Sei $(\zeta_i)_{i \in I} = z \in l_\infty^I(E_i)_+$ mit $qz = \hat{z}$ (dabei ist q dieselbe Abbildung wie in Lemma E.3). Nach Lemma E.3 existiert eine Menge $J \subseteq I$ mit endlichem Komplement in I, so daß ζ_j für jedes $j \in J$ eine Ordnungseinheit von E_j ist.

Angenommen, $(\zeta_j)_{j \in J} = \tilde{z} \in l_\infty^J(E_j)_+$ ist keine Ordnungseinheit von $l_\infty^J(E_j)$. Wegen E.2 existiert dann eine Folge $(x_n)_{n \in \mathbb{N}}$ in $l_\infty^J(E_j)_+$ mit $\| x_n - \inf(x_n, n\tilde{z}) \| > 1/2$ und $\| x_n \| \leq 1$ für jedes $n \in \mathbb{N}$. Wir schreiben x_n als Familie $(\xi_{n,j})_{j \in J} \in l_\infty^J(E_j)$. Es existiert eine streng monoton wachsende Folge $(n_k)_{k \in \mathbb{N}}$ in $\mathbb{N}$ und eine Folge $(j_k)_{k \in \mathbb{N}}$ in J, so daß für jedes $k \in \mathbb{N}$ gilt:

(1) $\| \xi_{n_k, j_k} - \inf(\xi_{n_k, j}, n_k \zeta_{j_k}) \| > 1/2$

(2) $U_l \subseteq n_k[-\zeta_{j_l}, \zeta_{j_l}]$ für $1 \leq l < k$
       (dabei bezeichnet U_l die abgeschlossene Einheitskugel von E_{j_l})

(3) $j_l \neq j_k$ für $1 \leq l < k$.

Die Auswahl dieser Folgen erfolgt induktiv:
Setze $n_1 := 1$. Wegen $\| x_{n_1} - \inf(x_{n_1}, n_1\tilde{z}) \| > 1/2$ existiert $j_1 \in J$ mit $\| \xi_{n_1, j_1} - \inf(\xi_{n_1, j_1}, n_1 \zeta_{j_1}) \| > 1/2$. Also sind für n_1 und j_1 die Bedingungen (1) bis (3) erfüllt.
Seien $n_1, \ldots, n_k \in \mathbb{N}$ und $j_1, \ldots, j_k \in J$, $k \geq 1$, mit den Eigenschaften (1), (2) und (3) bereits gewählt. Da jedes ζ_j, $j \in J$, eine Ordnungseinheit ist, existiert $n_{k+1} > n_k$ mit $U_l \subseteq n_{k+1}[-\zeta_{j_l}, \zeta_{j_l}]$ für $1 \leq l < k+1$. Wegen $\| x_{n_{k+1}} - \inf(x_{n_{k+1}}, n_{k+1}\tilde{z}) \| > 1/2$ existiert ein $j_{k+1} \in J$ mit $\| \xi_{n_{k+1}, j_{k+1}} - \inf(\xi_{n_{k+1}, j_{k+1}}, n_{k+1} \zeta_{j_{k+1}}) \| > 1/2$. Aus $U_l \subseteq n_{k+1}[-\zeta_{j_l}, \zeta_{j_l}]$ für $1 \leq l < k+1$ ergibt sich dann notwendig $j_{k+1} \neq j_l$ für $1 \leq l < k+1$. Also gelten auch (1), (2) und (3) für $n_1, \ldots, n_{k+1}$ und $j_1, \ldots, j_{k+1}$.

Wir definieren $(\xi_j)_{j \in J} = x \in l_\infty^J(E_j)$ durch $\xi_j := \xi_{n_k, j_k}$, falls $j = j_k$ ist für ein $k \in \mathbb{N}$ und $\xi_j := 0$ sonst. Es seien nun $m \in \mathbb{N}$ und $(\eta_j)_{j \in J} = y \in c_0^J(E_j)$ beliebig vorgegeben. Wähle $k \in \mathbb{N}$ mit $\| \eta_{j_k} \| < 1/4$ und $n_k \geq m$. Dann gilt

$$\| x - \inf(x, m\tilde{z}) + y \| \geqq \| \xi_{j_k} - \inf(\xi_{j_k}, m\zeta_{j_k}) \| - \| \eta_{j_k} \|$$
$$= \| \xi_{n_k, j_k} - \inf(\xi_{n_k, j_k}, m\zeta_{j_k}) \| - \| \eta_{j_k} \|$$
$$\geqq \| \xi_{n_k, j_k} - \inf(\xi_{n_k, j_k}, n_k\zeta_{j_k}) \| - \| \eta_{j_k} \|$$
$$> 1/2 - 1/4 = 1/4 \;.$$

Damit folgt sofort $\| q_1 x - \inf(q_1 x, m q_1 \tilde{z}) \| \geqq 1/4$ für alle $m \in \mathbb{N}$ (hierbei bezeichnet q_1 die kanonische Surjektion von $l_\infty^J(E_j)$ auf $l_\infty^J(E_j)/c_0^J(E_j)$). Also kann $q_1 \tilde{z}$ kein quasi-innerer Punkt von $(l_\infty^J(E_j)/c_0^J(E_j))_+$ sein. Bezeichnet P die kanonische Surjektion von $l_\infty^I(E_i)$ auf $l_\infty^J(E_j)$, so wird durch $qx \to q_1 Px =: S(qx)$, $x \in l_\infty^I(E_i)$, ein Verbandsisomorphismus S von $l_\infty^I(E_i)/c_0^I(E_i)$ auf $l_\infty^J(E_j)/c_0^J(E_j)$ definiert. Offensichtlich gilt $S\hat{z} = q_1\tilde{z}$. Mit $\hat{z}$ müßte daher auch $q_1\tilde{z}$ quasi-innerer Punkt sein ([56, II.6.4]), was aber, wie wir gesehen haben, nicht der Fall ist. Also muß $\tilde{z}$ entgegen unserer Annahme eine Ordnungseinheit sein. Dann ist $q_1\tilde{z}$ eine Ordnungseinheit von $l_\infty^J(E_j)/c_0^J(E_j)$ und da S ein Verbandsisomorphismus ist, muß $\hat{z} = S^{-1}q_1\tilde{z}$ eine Ordnungseinheit von $l_\infty^I(E_i)/c_0^I(E_i)$ sein. Damit ist die erste Behauptung von Satz E.1 bewiesen.

Wir haben oben gezeigt, daß $\tilde{z}$ eine Ordnungseinheit von $l_\infty^J(E_j)$ ist. Also existiert ein $m \in \mathbb{N}$ mit $U_{E_j} \subseteq m[-\zeta_j, \zeta_j]$ für jedes $j \in J$ (dabei bezeichnet U_{E_j} die abgeschlossene Einheitskugel von E_j). Versieht man E_j mit dem Eichfunktional $g_{[-\zeta_j, \zeta_j]}$, so ist $(E_j, g_{[-\zeta_j, \zeta_j]})$ isometrisch verbandsisomorph zu einem Raum $C(K_j)$, K_j kompakt, vermöge einer Abbildung S_j, $j \in J$. Es bezeichne R_j die identische Abbildung von E_j auf $(E_j, g_{[-\zeta_j, \zeta_j]})$. Dann ist für jedes $j \in J$ die Abbildung $T_j := S_j \circ R_j$ ein Verbandsisomorphismus von E_j auf $C(K_j)$ mit $\sup_j \| T_j^{-1} \| \leqq \sup_j \| \zeta_j \|$ und $\sup_j \| T_j \| \leqq m$. Also gilt $\sup_j \| T_j \| \| T_j^{-1} \| < \infty$. Definieren wir $T: l_\infty^J(E_j) \to l_\infty^J(C(K_j)): (\xi_j)_{j \in J} \to (T_j \xi_j)_{j \in J}$, so ist T ein surjektiver Verbandsisomorphismus. Damit folgt sofort, daß $l_\infty^I(E_i)$ und $l_\infty^{I \setminus J}(E_i) \times l_\infty^J(C(K_j))$ verbandsisomorph sind. $\square$

Appendix F. Grothendieck-Räume mit atomarem Dualraum

Sei E ein Banachverband. Ein Element $x \in E_+$ heißt *Atom* in E, falls das von x in E erzeugte Ideal $I_x := \bigcup_n n[-x, x]$ eindimensional ist. E heißt *atomar*, falls E gleich dem von den Atomen in E erzeugten Band ist. Das Beispiel $E = l_\infty$ zeigt, daß nicht reflexive, atomare Grothendieck-Räume existieren. Hingegen ist für einen Banachverband mit der Grothendieck-Eigenschaft der Dualraum nur in trivialen Fällen atomar. Bevor wir dies präzisieren, geben wir die folgende, wohlbekannte Charakterisierung von atomaren Banachverbänden mit ordnungsstetiger Norm an ([8, Cor. 4.2]):

F.1 Lemma. Für einen Banachverband E sind die folgenden Aussagen äquivalent:

(i) E ist atomar und besitzt ordnungsstetige Norm.

(ii) Jedes Ordnungsintervall in E ist kompakt.

Aus dem Lemma folgt sofort, daß jeder abgeschlossene Untervektorverband eines atomaren Banachverbandes mit ordnungsstetiger Norm wieder atomar ist und ordnungsstetige Norm besitzt.

Es gilt nun das nachstehende Resultat.

F.2 Satz. Sei E ein Banachraum. E enthalte einen zu l_1 isomorphen Teilraum. Weiter enthalte E' keinen zu c_0 isomorphen Teilraum. Dann ist der Dual von E nicht isomorph zu einem atomaren Banachverband.

Beweis. Da l_1 isomorph ist zu einem Teilraum von E, existiert eine $\sigma(E',E) -\sigma(l_\infty, l_1)$-stetige Surjektion Q von E' auf l_∞ ([64, 11-3-4]). $L_1[0,1]$ als separabler Banachraum läßt sich isometrisch einbetten in l_∞ vermöge eines Operators T. Nach einem Resultat von A. GROTHENDIECK ([65, Prop. 1]) existiert ein Operator $S \in L(L_1[0,1], E')$, so daß $T = Q \circ S$ ist. Mit T ist daher auch S ein Isomorphismus. Angenommen, E' ist isomorph zu einem atomaren Banachverband F. Ohne Einschränkung identifizieren wir im folgenden die Räume E' und F. Wir gehen also davon aus, daß E' ein atomarer Banachverband ist. Da c_0 nicht als abgeschlossener Teilraum in E' enthalten ist, folgt mit [56, II.5.15], daß E' ein Band in E''' ist. Insbesondere existiert dann eine positive, kontraktive Projektion von E''' auf E'. Nach [56, IV.1.5] ist dann S ein ordnungsbeschränkter Operator, das heißt, S bildet ordnungsbeschränkte Teilmengen von $L_1[0,1]$ auf ordnungsbeschränkte Teilmengen von E' ab. Die Ordnungsintervalle in $L_1[0,1]$ sind schwach kompakt ([56, II.5.10, II.8.3]). Das Bild eines Ordnungsintervalls von $L_1[0,1]$ unter S ist daher normabgeschlossen in E' und wegen Lemma F.1 kompakt. Da S ein Isomorphismus ist, ergibt sich, daß jedes Ordnungsintervall in $L_1[0,1]$ kompakt ist. Dies ist offensichtlich nicht der Fall und wir erhalten so einen Widerspruch. $\square$

Als Folgerung hieraus erhalten wir das zu Beginn dieses Abschnittes angedeutete Resultat:

F.3 Korollar. Sei E ein Grothendieck-Raum. Ist E' isomorph zu einem atomaren Banachverband, so ist E reflexiv.

Beweis. Nach 1.5 ist E' schwach folgenvollständig. E' enthält daher keinen zu c_0 isomorphen Teilraum. Wegen Satz F.2 kann dann E keinen zu l_1 isomorphen Teilraum enthalten. Dies ist nach 1.11 nur möglich, wenn E reflexiv ist. $\square$

Literatur

1. Aliprantis CD, Burkinshaw O (1978) Locally Solid Riesz Spaces. Academic Press, New York San Francisco London
2. Andô T (1961) Convergent sequences of finitely additive measures. Pacific J Math 11:395–404
3. Beauzamy B (1982) Introduction to Banach spaces and their geometry. North-Holland, Amsterdam New York Oxford
4. Bessaga C, Pełczyński A (1958) On bases and unconditional convergence of series in Banach spaces. Stud Math 17:151–164
5. Bourgain J (1981) New classes of $\mathscr{L}^p$-spaces. Lecture Notes in Mathematics 889. Springer-Verlag, Berlin Heidelberg New York
6. Burkinshaw O (1974) Weak compactness in the order dual of a vector lattice. Trans Amer Math Soc 187:183–201
7. Burkinshaw O, Dodds P (1976) Weak sequential compactness and completeness in Riesz spaces. Canad J Math 28:1332–1339
8. Burkinshaw O, Dodds P (1977) Disjoint sequences, compactness and semireflexivity in locally convex Riesz spaces. Illinois J Math 21:759–775
9. Cartwright DI, Lotz HP (1977) Disjunkte Folgen in Banachverbänden und Kegel-absolutsummierende Abbildungen. Arch Math 28:525–532
10. Cembranos P (1982) Algunas propiedades del espacio de Banach $c_0(E)$. Actualités mathématiques, Actes de 6e Congr. Group Math Expr Latine (Luxembourg 1981): 333–336
11. Dashiell FK (1981) Nonweakly compact operators from order-Cauchy complete $C(S)$ lattices, with applications to Baire classes. Trans Amer Math Soc 266:397–413
12. Diestel J, Seifert CJ (1978) The Banach-Saks ideal, I. Operators acting on $C(\Omega)$. Commentationes Math, Tomus specialis in honorem Ladislai Orlicz, I., 109–118
13. Diestel J (1980) A survey of results related to the Dunford-Pettis property. Proc Conf on Integration, Topology and Geometry in Linear Spaces, Chapel Hill, 15–60. Contemporary Mathematics, Vol. 2, American Math Soc, Providence, Rhode Island
14. Diestel J (1984) Sequences and series in Banach spaces. Springer-Verlag, New York Berlin Heidelberg Tokyo
15. Dodds PG (1975) Sequential convergence in the order duals of certain classes of Riesz spaces. Trans Amer Math Soc 203:391–403
16. Duhoux M (1978) Mackey topologies on Riesz spaces and weak compactness. Math Z 158:199–209
17. Dunford N, Schwartz JT (1958) Linear operators. Part I: General theory. Wiley, New York
18. Faires B (1976) On Vitali-Hahn-Saks-Nikodym type theorems. Ann Inst Fourier Univ Grenoble 26,4:99–114
19. Faires BT (1978) Varieties and vector measures. Math Nachr 85:303–314
20. Figiel T, Johnson WB, Tzafriri L (1975) On Banach lattices and spaces having local unconditional structure, with applications to Lorentz function spaces. J Approx Theory 13:395–412
21. Figiel T, Ghoussoub N, Johnson WB (1981) On the structure of non-weakly compact operators on Banach lattices. Math Annalen 257:317–334

22. Fremlin DH (1973) Topological Riesz spaces and measure theory. Cambridge University Press, London
23. Freniche Ibáñez FJ (1983) Teorema de Vitali-Hahn-Saks en algebras de Boole. Thesis, Sevilla
24. Freniche Ibáñez FJ (1984) The Vitali-Hahn-Saks theorem for Boolean algebras with the subsequential interpolation property. Proc Amer Math Soc 92:362 – 366
25. Gillman L, Jerison M (1976) Rings of continuous functions. Springer-Verlag, New York Heidelberg Berlin
26. Graves WH, Wheeler RF (1983) On the Grothendieck and Nikodym properties for algebras of Baire, Borel and universally measurable sets. Rocky Mountain J Math 13:333 – 353
27. Grothendieck A (1953) Sur les applications linéaires faiblement compactes d'espaces du type $C(K)$. Canad J Math 5:129 – 173
28. Haydon R (1981) A non-reflexive Grothendieck space that does not contain l_∞. Israel J Math 40:65 – 73
29. Johnson WB, Zippin W (1973) Separable L_1 preduals are quotients of $C(\Delta)$. Israel J Math 16:198 – 202
30. Johnson WB, Tzafriri L (1977) Some more Banach spaces which do not have local unconditional structure. Houston J Math 3:55 – 60
31. Kühn B (1977) Orthogonalkompakte Teilmengen topologischer Vektorverbände. Dissertation, Dortmund
32. Kühn B (1979) Banachverbände mit ordnungsstetiger Dualnorm. Math Z 167: 271 – 277
33. Kühn B (1980) Schwache Konvergenz in Banachverbänden. Arch Math 35:554 – 558
34. Kuo T-H (1976) Weak compactness of operators on Grothendieck spaces. J Nat Chiao Tung Univ 2:133 – 138
35. Lacey HE (1974) The isometric theory of classical Banach spaces. Springer-Verlag, Berlin Heidelberg New York
36. Leavelle TL (1983) The reciprocal Dunford-Pettis property. Preprint
37. Lindenstrauss J, Tzafriri L (1977) Classical Banach spaces I. Sequence spaces. Springer-Verlag, Berlin Heidelberg New York
38. Lindenstrauss J, Tzafriri L (1979) Classical Banach spaces II. Function spaces. Springer-Verlag, Berlin Heidelberg New York
39. Lotz HP, Rosenthal HP (1978) Embeddings of $C(\Delta)$ and $L^1[0,1]$ in Banach lattices. Israel J Math 31:169 – 179
40. Meyer-Nieberg P (1973) Charakterisierung einiger topologischer und ordnungstheoretischer Eigenschaften von Banachverbänden mit Hilfe disjunkter Folgen. Arch Math 24:640 – 647
41. Meyer-Nieberg P (1973) Zur schwachen Kompaktheit in Banachverbänden. Math Z 134:303 – 315
42. Meyer-Nieberg P (1974) Über Klassen schwach kompakter Operatoren in Banachverbänden. Math Z 138:145 – 159
43. Meyer-Nieberg P (1978) Ein elementarer Beweis einer Charakterisierung von M-Räumen. Math Z 161:95 – 96
44. Moltó A (1981) On the Vitali-Hahn-Saks theorem. Proc Royal Soc Edinburgh 90A: 163 – 173

45. Niculescu CP (1981) Weak compactness in Banach lattices. J Operator Theory 6:217–231

46. Niculescu C (1983) Order σ-continuous operators on Banach lattices. In: Banach Space Theory and its Applications, Proceedings, Bucharest 1981, 188–201. Springer-Verlag, Berlin Heidelberg New York Tokyo

47. Pełczyński A (1962) Banach spaces on which every unconditionally converging operator is weakly compact. Bull Acad Pol Sci 10:641–648

48. Pełczyński A (1965) On strictly singular and strictly cosingular operators. I. Strictly singular and strictly cosingular operators in $C(S)$-spaces. Bull Acad Pol Sci 13:31–41

49. Rosenthal HP (1970) On relatively disjoint families of measures, with some applications to Banach space theory. Stud Math 37:13–36, 311–313

50. Rosenthal HP (1972/1975) On factors of $C[0,1]$ with non-separable dual. Israel J Math 13:361–378, ibid 21:93–94

51. Rosenthal HP (1974) A characterization of Banach spaces containing l_1. Proc Nat Acad Sci (USA) 71:2411–2413

52. Rutovitz D (1965) Some parameters associated with finite-dimensional Banach spaces. J London Math Soc 40:241–255

53. Schachermayer W (1982) On some classical measure-theoretical theorems for non-sigma-complete Boolean algebras. Dissertationes Math 214

54. Schaefer HH (1971) Topological vector spaces, 3rd print. Springer-Verlag, New York Heidelberg Berlin

55. Schaefer HH (1971) Weak convergence of measures. Math Annalen 193:57–64

56. Schaefer HH (1974) Banach lattices and positive operators. Springer-Verlag, New York Heidelberg Berlin

57. Seever GL (1968) Measures on F-spaces. Trans Amer Math Soc 133:267–280

58. Simons S (1975) On the Dunford-Pettis property and Banach spaces that contain c_0. Math Annalen 216:225–231

59. Simons S (1977) Weak compactness in locally convex vector lattices. Arch Math 29:537–548

60. Shoenfield JR (1971) Measurable Cardinals. In Proc of the Summer School and Colloquium in Mathematical Logic, Manchester, 1969, 19–49. North-Holland, Amsterdam London

61. Sobczyk A (1962) Extension properties of Banach spaces. Bull Amer Math Soc 68:217–224

62. Tokarev EV (1984) Quotient spaces of Banach lattices and Marcinkiewicz spaces. Siberian Math J 25:332–338

63. Veksler AJ, Geiler VA (1972) Order and disjoint completeness of linear partially ordered spaces. Siberian Math J 13:30–35

64. Wilansky A (1978) Modern Methods in Topological Vector Spaces. McGraw-Hill

65. Grothendieck A (1955) Une caractérisation vectorielle-métrique des espaces L^1. Canad J Math 7:552–561

Verzeichnis der Symbole

$\mathbb{N}$	= Menge der natürlichen Zahlen
$\mathbb{R}$	= Menge der reellen Zahlen
δ_{nm}	= Kronecker-Symbol (gleich eins für $n = m$ und gleich null für $n \neq m$)
$\mathscr{F}_0$	= Fréchet-Filter
$\mathscr{F}$	= Filter
A^0	= Polare von A (S. 9)
$\bar{A}$	= Abschluß von A in einem lokalkonvexen Raum $(E, \mathscr{T})$
$A + B$	= $\{x + y : x \in A, y \in B\}$
$A \times B$	= $\{(x, y) : x \in A, y \in B\}$
cvA	= konvexe Hülle von A
$\lin A$	= lineare Hülle von A
g_A	= Eichfunktional von A (S. 9)
p_A	: definiert durch $p_A(x') = \sup_{x \in A} |\langle x, x' \rangle|$

$C(K)$	= Menge der reellwertigen, beschränkten, stetigen Funktionen auf einem topologischen Raum K
$C[0,1]$	= Menge der reellwertigen, (beschränkten) stetigen Funktionen auf $[0,1]$
$c_0, c_0^I,$ $c_0^I(E),$ $c_0^I(E_i)$	= c_0-direkte Summe (S. 10)
$c_0^{\mathscr{F}}(E_i)$	= c_0-direkte Summe (S. 44)
$L_p(X, \Sigma, \mu)$	= Lebesgue-Raum, $1 \leq p \leq \infty$ ([17, IV.2.18, IV.2.19])
$L_p[0,1]$	= Lebesgue-Raum bezüglich des üblichen Lebesgueschen Maßraumes (X, Σ, μ) auf $[0,1]$, $1 \leq p \leq \infty$
$l_p, l_p^I,$ $l_p^I(E),$ $l_p^I(E_i),$ $l_p^m(E),$ $l_p^m(E_i)$	= l_p-direkte Summe, $1 \leq p \leq \infty$ (S. 10)
$\phi^I(E_i)$	= finite Familien (S. 10)

E, F und G seien lokalkonvexe Räume	
$E \oplus F$	= direkte Summe von E und F (S. 10)
E/F	= Quotient von E nach F
$E \cong F$	= Isomorphie lokalkonvexer Räume (S. 10)
E'	= Dualraum von E (S. 10)
E'', E'''	= Dualraum höherer Ordnung (S. 10)
$L(E, F)$	= Menge der stetigen, linearen Abbildungen von E nach F (S. 10)
Id	= identische Abbildung
T'	= Adjungierte eines Operators T
T'', T'''	= Adjungierte höherer Ordnung
$T_{|G}$	= Einschränkung eines Operators (S. 10)
$T \circ S$	= Hintereinanderausführung von Abbildungen
$\sigma(E, F)$	= schwache Topologie (S. 9, S. 10)
$\langle .,. \rangle$	= kanonische Bilinearform (S. 9)

E sei ein Vektorverband

E_+ $= \{x \in E : x \geqq 0\} =$ positiver Kegel

$\inf(x, y)$ $= \inf\{x, y\}$

$\sup(x, y)$ $= \sup\{x, y\}$

$\inf_\alpha x_\alpha$ $= \inf\{x_\alpha : \alpha \in \mathscr{A}\}$

$\sup_\alpha x_\alpha$ $= \sup\{x_\alpha : \alpha \in \mathscr{A}\}$

$x_\alpha \downarrow 0$ $\Leftrightarrow \inf_\alpha x_\alpha = 0$ und aus $\alpha, \beta \in \mathscr{A}$ mit $\alpha \leqq \beta$ folgt $x_\beta \leqq x_\alpha$

x_+ $= \sup(x, 0)$

x_- $= \sup(-x, 0)$

$|x|$ $= x_+ + x_-$

$[x, y]$ $= \{z \in E : x \leqq z \leqq y\}$

A_+ $= A \cap E_+$

$A^\perp$ $= \{x \in E : \inf(|x|, |y|) = 0$ für alle $y \in A\}$

soA $=$ solide Hülle von A (S. 11)

E_x $=$ zu x assoziierter AM-Raum mit Einheit (S. 24)

(E, x') $=$ zu x' assoziierter AL-Raum (S. 25)

i_x $=$ kanonische Injektion von E_x in E (S. 24)

$j_{x'}$ $=$ kanonische Abbildung von E in (E, x') (S. 25)

I_x $=$ das von x erzeugte (Haupt-)Ideal

I_E $=$ das von E in E'' erzeugte Ideal

E^n $=$ Menge der ordnungsstetigen Linearformen auf E (S. 11)

E^s $=$ Menge der σ-ordnungsstetigen Linearformen auf E (S. 11)

$o(E, B)$ $=$ Topologie der gleichmäßigen Konvergenz auf den von B erzeugten Ordnungsintervallen (S. 25)

Sachverzeichnis

Sitzungsberichte der Heidelberger Akademie der Wissenschaften
Mathematisch-naturwissenschaftliche Klasse

Die Jahrgänge bis 1921 einschließlich erschienen im Verlag von Carl Winter, Universitätsbuchhandlung in Heidelberg, die Jahrgänge 1922–1933 im Verlag Walter de Gruyter & Co. in Berlin, die Jahrgänge 1934–1944 bei der Weißschen Universitätsbuchhandlung in Heidelberg. 1945, 1946 und 1947 sind keine Sitzungsberichte erschienen.

Ab Jahrgang 1948 erscheinen die „Sitzungsberichte" im Springer-Verlag.

Inhalt des Jahrgangs 1979/80:

1. H. P. Schmitt. Akute und intervalläre Strahlenschäden des Zentralnervensystems. DM 84,–.
2. W. v. Engelhardt. Phaetons Sturz – ein Naturereignis? DM 26,–.
3. R. Haas. Influenza – Bagatelle oder tödliche Bedrohung? DM 19,80.
4. T. Kirsten (Hrsg.). Geophysik in Heidelberg. DM 52,–.
5. M. Becke-Goehring. Anorganische Chemie zwischen gestern und morgen. DM 24,–.

Inhalt des Jahrgangs 1980:

1. F. Duspiva. Das Problem der Determination und Differenzierung in der Biologie. DM 20,–.
2. E. Hinz. *Schistosoma intercalatum*-Infektionen in Afrika. Saisonkrankheiten in Nigeria. DM 42,–.
3. J. C. Vogel. Fractionation of the Carbon Isotopes During Photosynthesis. DM 18,80.
4. W. Doerr, W.-W. Höpker, W. Hofmann, K. Kayser, C. Tschahargane. Onkologisches Panorama. Krebsregister, Früherkennung, Phylogenie. DM 18,20.

Inhalt des Jahrgangs 1981:

1. F. Kirchheimer. Die Medaillen der Kurpfälzischen Akademie der Wissenschaften. DM 23,–.
2. S. Berking. Zur Rolle von Modellen in der Entwicklungsbiologie. DM 24,50.
3. Th. Wieland. Moderne Naturstoffchemie am Beispiel des Pilzgiftstoffes Phalloidin. DM 19,–.
4. S. Sambursky. Religion und Naturwissenschaft im spätantiken Denken. DM 10,50.

W. Doerr, W. Hofmann, A.J. Linzbach, K. Rother, F. Seitelberger. Neue Beiträge zur Theoretischen Pathologie. Herausgegeben von H. Schipperges. Supplement. Geb. DM 62,–.

Th. Henkelmann. Zur Geschichte des pathophysiologischen Denkens. John Brown (1735–1788) und sein System der Medizin. Supplement. Geb. DM 54,–.

Inhalt des Jahrgangs 1982:

1. E. G. Jung. Licht und Hautkrebse. Modelle und Risikoerfassung. DM 26,–.
2. H. H. Schaefer. Georg Cantor und das Unendliche in der Mathematik. DM 17,50.
3. G. Greiner. Spektrum und Asymptotik stark stetiger Halbgruppen positiver Operatoren. DM 18,50.
4. W. Doerr. Cancer à deux. DM 13,80.
5. W. Jaeger. Untersuchungen zu Farbkonstanz und Farbgedächtnis. DM 12,80.
6. H. Habs. Die sogenannte Pest des Thukydides. Versuch einer epidemiologischen Analyse. DM 24,80.

B. M. Thimm. Brucellosis. Distribution in Man, Domestic and Wild Animals. Supplement. Geb. DM 45,–.

G. Breitfellner. Der Sekundenherztod. Ein morphologisches, funktionelles und sektionsstatistisches Profil. Supplement. Geb. DM 128,–.